M5シリーズで楽しむ
ロボット開発

- M5Stack
- M5Camera
- M5StickC
- M5StickV

開発

対応

JN062270

aNo研 著

C&R研究所

■権利について

• 本書に記述されている社名・製品名などは、一般に各社の商標または登録商標です。

• 本書では ™、©、® は割愛しています。

■本書の内容について

• 本書は著者・編集者が実際に操作した結果を慎重に検討し、著述・編集しています。ただし、本書の記述内容に関わる運用結果にまつわるあらゆる損害・障害につきましては、責任を負いませんのであらかじめご了承ください。

• 本書は 2020 年 7 月現在の情報で記述しています。

■サンプルについて

• 本書で紹介しているサンプルは、C&R 研究所のホームページ（http：//www.c-r.com）からダウンロードすることができます。ダウンロード方法については、221 ページを参照してください。

• サンプルデータの動作などについては、著者・編集者が慎重に確認しております。ただし、サンプルデータの運用結果にまつわるあらゆる損害・障害につきましては、責任を負いませんのであらかじめご了承ください。

• サンプルデータの著作権は、著者および C&R 研究所が所有します。許可なく配布・販売することは堅く禁止します。

●**本書の内容についてのお問い合わせについて**

　この度はC&R研究所の書籍をお買い上げいただきましてありがとうございます。本書の内容に関するお問い合わせは、「書名」「該当するページ番号」「返信先」を必ず明記の上、C&R研究所のホームページ(http://www.c-r.com/)の右上の「お問い合わせ」をクリックし、専用フォームからお送りいただくか、FAXまたは郵送で次の宛先までお送りください。お電話でのお問い合わせや本書の内容とは直接的に関係のない事柄に関するご質問にはお答えできませんので、あらかじめご了承ください。

〒950-3122 新潟県新潟市北区西名目所4083-6　株式会社 C&R研究所　編集部
FAX 025-258-2801
「M5シリーズで楽しむロボット開発 M5Stack/M5Camera/M5StickC/M5StickV対応」
サポート係

はじめに

　本書を手に取ってくださり、ありがとうございます。筆者は、M5Stack に出会って以降、とてもパワフルで刺激的なデバイスの魅力に取りつかれ、M5Stack を使った電子工作に熱中してきました。

　本書は、M5Stack の基本的な使い方を解説するだけでなく、筆者が今までに作ってきた、プリンを守るデバイス「プリン・ア・ラート」、AI を搭載した「プリン・ア・ラート V」、おかわりを頼んでくれる「スマートグラス e 幹事」、グラスを運ぶ「グラス・ポーター」といったユニークな作品を作るための電子工作のテクニックを紹介していきます。

　また、M5Stack とひとえにいっても、M5Stack、M5Camera、M5StickC、M5StickV とバラエティ豊かなコアモジュールが揃っています。本書では、コアモジュールの一つ一つを深掘りして解説していきます。M5Stack に絡めて、ロボットを開発する技術や、IoT と連携する技術、AI にかかわる最新技術などを盛り込みました。

　筆者が感じている「M5Stack」と「ものづくり」の面白さを伝えることができれば、望外の喜びです。

　あなたも本書と M5Stack で、電子工作にチャレンジしてみませんか！？

aNo 研

本書で解説する機器

　本書では、M5Stack、M5Camera、M5StickC、M5StickV という 4 つのコア
モジュールを使った電子工作について解説します。

M5Stack

　手のひらサイズでケース
に収まった、便利な開発モ
ジュールです。拡張モジュー
ルを積み重ねていくことで、
機能を追加することができま
す。文字や図形を表示したり、
音楽を鳴らしたり、アイデア
次第でさまざまなロボットが
作れます。第 1 章で詳しく
解説します。

M5Camera

　写真や動画の撮影、送信が
できるコンパクトなネット
ワークカメラ開発モジュー
ルです。ネットワークや有線
インターフェイスを通じて、
M5Stack と連動させること
もできます。第 2 章で詳し
く解説します。

M5StickC

M5Stack よりもさらにコンパクトな開発モジュールです。HAT と呼ばれる拡張モジュールを追加して機能を増やすことができます。第3章で詳しく解説します。

M5StickV

コンパクトな AI カメラ開発モジュールです。畳み込みネットワークなどのディープラーニングや画像処理を高速に行うことができます。第4章と第5章で詳しく解説します。

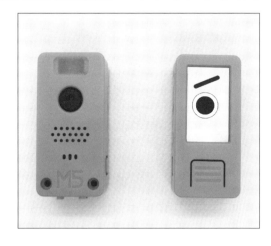

目次

Chapter 1 M5Stackを使ってみよう

9

Chapter 2 M5Cameraを使ってみよう

65

Chapter 3 M5StickCを使ってみよう

Chapter 4 M5StickVを使ってみよう

Chapter 5

M5StickVで ディープラーニングを使ってみよう

159

編集・制作・デザイン：リブロワークス

Chapter 1

M5Stackを使ってみよう

Section 01

M5Stackとは？

M5Stackとは？

　M5Stack は、カラーディスプレイ、スピーカ、microSD カードスロット、バッテリーを実装し、ケースに収まった、コンパクトで便利な開発モジュールです。

　M5Stack は Wi-Fi 通信や Bluetooth 通信といった無線通信機能を内蔵したマイコン「**ESP32**」を搭載しているため、インターネットと連携する IoT デバイスを簡単に作ることができます。 また、ディスプレイやスピーカ、ボタンなどのユーザインターフェイスを搭載しているので、インターネットに接続し、インタラクティブ（双方向）に動くデバイスの開発に向いています。

　M5Stack の本体部分であるコアモジュールは、M5Stack Basic ／ M5Stack Gray ／ M5Stack M5GO ／ M5Stack Fire の 4 種類があります。

◎**M5Stackの種類**

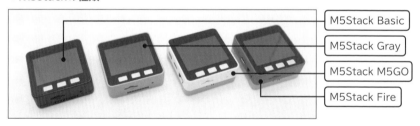

　Basic は M5Stack の最初の製品であり、構成が最もシンプルです。Basic に 9 軸の **IMU**（Inertial Measurement Unit：慣性計測ユニット）を追加し、加速度センサー、ジャイロセンサー、磁気センサーからの計測をできるようにしたものが Gray です。Gray に Grove 互換のケーブルをつなぐポートやバッテリーを増設したものが M5GO です。M5GO に PSRAM という外部メモリを追加したものが Fire です。主なスペックは次ページの表にまとめました。

M5Stackの比較

	M5Stack Basic	M5Stack Gray	M5Stack M5GO	M5Stack Fire
CPU	ESP32-D0WDQ6 (240MHz DualCore)	ESP32-D0WDQ6 (240MHz DualCore)	ESP32-D0WDQ6 (240MHz DualCore)	ESP32-D0WDQ6 (240MHz DualCore)
無線通信	Wi-Fi、Bluetooth	Wi-Fi、Bluetooth	Wi-Fi、Bluetooth	Wi-Fi、Bluetooth
フラッシュメモリ	4MB	16MB	16MB	16MB
RAM メモリ	520KB SRAM	520KB SRAM	520KB SRAM	520KB SRAM+4MB PSRAM
ディスプレイ	2インチ 320x240 カラー TFT 液晶	2インチ 320x240 カラー TFT 液晶	2インチ 320x240 カラー TFT 液晶	2インチ 320x240 カラー TFT 液晶
スピーカ	I2S スピーカ	I2S スピーカ	I2S スピーカ	I2S スピーカ
マイク	なし	なし	MEMS アナログマイク	MEMS アナログマイク
IMU	なし	9 軸 IMU	9 軸 IMU	9 軸 IMU
ボタン	ボタン x3	ボタン x3	ボタン x3	ボタン x3
microSD スロット	1 スロット	1 スロット	1 スロット	1 スロット
インターフェイス	PortA(I2C) × 1 Extendable GPIO PINS	PortA(I2C) × 1 Extendable GPIO PINS	PortA(I2C) × 1 PortB(IO/ADC) × 1 PortC(UART) × 1	PortA(I2C) × 1 PortB(IO/ADC) × 1 PortC(UART) × 1
IR	なし	なし	なし	なし
LED	なし	なし	LED Bar (RGB LED × 10)	LED Bar (RGB LED × 10)
バッテリ	150mAh 3.7V	150mAh 3.7V	600Ah 3.7V	600Ah 3.7V
サイズ	54 x 54 x 17 mm	54 x 54 x 17 mm	54 x 54 x 21 mm	54 x 54 x 21 mm

M5Stackを使ってみよう

M5Stack は、拡張モジュールを縦に積み重ねていくことで、機能を追加することができます。M5Stack の名前は、モジュール（Module）が縦 5cm x 横 5cm の大きさで、積み重ねる（Stack）ことができることから、M5Stack（エムファイブスタック）と命名されました。

拡張モジュール同士は、M5Stack 内部の M-BUS（エムバス）コネクタで連結されています。

◉**M5Stackに拡張モジュールをスタック**

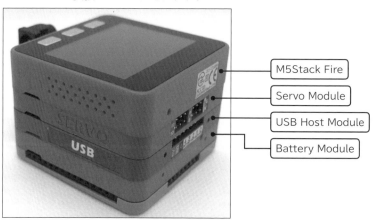

M5Stackはどこで買えるの？

M5Stack は、「スイッチサイエンス」などの通販サイトや、電子部品を扱う店舗で購入できます。海外通販サイトの「AliExpress」にある M5Stack 公式ショップは、日本の店舗よりも M5Stack 商品のラインナップが充実しています。海外の通販サイトから購入する場合、日本の店舗で扱い始めるより早く M5Stack の新商品を手に入れることができますが、商品によっては技適などの日本国内で使用するための規格が取得されておらず、日本では使うことができない場合がありますので注意が必要です。

・**M5Stack の公式 HP**
https://m5stack.com/

- **スイッチサイエンス**

  https://www.switch-science.com/
- **AliExpress M5Stack Official Store**

  https://m5stack.ja.aliexpress.com/store/3226069

M5Stackを購入できるサイト

スイッチサイエンス　　　　　　　　AliExpressのM5Stack Store

M5Stack社とは？

　M5Stack 社は、Jimmy Lai 氏が 2016 年に深セン（中国）で設立したハードウェアスタートアップ企業です。

　M5Stack 社の設立当初は M5Stack と M5Stack の拡張モジュールを中心に販売していましたが、M5StickC や M5StickV といった小型のモジュールや、M5StickC で動くロボットなど、斬新な商品を次々にリリースし、ラインナップが増えてきました。

　2019 年には「M5Stack Friday New Arrivals!」としてほぼ毎週金曜日に新商品を発売するというキャンペーンを行い、新商品が絶え間なく出てくるので、ユーザの間では開発が早すぎると話題になりました。

　M5Stack 社は、世界各国で開催されている DIY の祭典「Maker Faire」によく出展したり、Twitter や Facebook などの SNS で、ユーザが作った作品をチェックしたりしています。ユーザとの距離感が M5Stack 社の魅力の 1 つになっています。

M5Stackを使ってみよう

Section
02
Arduino IDEで
M5Stack開発

M5Stackは、「**Arduino**」という環境と、ブロックプログラミングとMicroPythonを組み合わせた「UI FLow」というプログラミング環境で開発が可能です。

AdruinoはC／C++をベースにしたプログラミング言語です。複雑な構文がないため、C言語が分かる方であれば難なく使えるはずです。Arduinoでの開発は、「Arduino IDE」という統合開発環境を使ってプログラミングを行います。ソースコードの作成・編集を行うエディタ機能と、ソースコードからファームウェアをコンパイルする機能、ファームウェアをM5Stackへ書き込む機能がまとめられています。

本章では、Windows 10 64bitの環境で、Arduino IDEを使ったM5Stackのプログラミング開発の始め方を解説していきます。

USBドライバのインストール

最初に、Windows 10とM5Stackとの間の通信に必要な、USBドライバ「CP2104 Driver」をダウンロードします。ブラウザで以下のURL（M5Stackのダウンロードページ）を開き、Windows 10用のドライバを選択します。

https://m5stack.com/pages/download

◦ **CP2104 Driverのダウンロード**

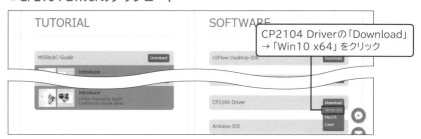

CP2104 Driverの「Download」
→「Win10 x64」をクリック

ZIP ファイルを解凍し、Windows 10 64bit の環境なら「CP210xVCPInstaller_x64_v6.7.0.0.exe」のインストーラを実行します。

インストーラは OS の種類やバージョンによって異なります。Windows 10 の32bit の環境なら「CP210xVCPInstaller_x86_v6.7.0.0.exe」、Windows 7 の環境なら「CP210xVCPInstaller_Win7_5.40.24.exe」を実行します。

●CP2104 Driverのインストール

CP2104 Driverのインストーラを実行する

インストーラのウィザードに従って、インストールを進めます。「完了」をクリックしたら、CP2104 Driver のインストールは完了です。

●CP2104 Driverインストーラのウィザード

「次へ」をクリック

「完了」をクリック

Arduino IDEのインストール

続いて、統合開発環境「Arduino IDE」をインストールします。Arduino IDE は、Windows ／ Mac OS ／ Linux 環境に対応しています。

ブラウザで以下の URL（Arduino のダウンロードページ）を開き、Windows 10 用の Arduino IDE のインストーラをダウンロードします。本書で動作確認している Arduino IDE のバージョンは Arduino 1.8.12 です。

https://www.arduino.cc/en/Main/Software

◦ Arduino IDEのホームページ

「Windows Installer, for Windows 7 and up」をクリックすると、寄付を促すページに移動します。寄付に賛同する場合は「CONTRIBUTE & DOWNLOAD」を、そうでない場合は「JUST DOWNLOAD」をクリックするとダウンロードが始まります。

◦ Arduino IDEのダウンロードページ

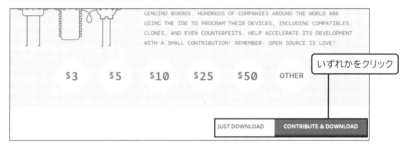

ダウンロードしたインストーラ（arduino-1.8.12-windows.exe）を実行して、Arduino IDE をインストールします。ライセンス規約とインストールのオプションの変更を求められますが、初期値のまま進めて問題ありません。

◦ Arduino IDEのインストール

Arduino-ESP32ライブラリ のインストール

Arduino IDE のインストールが完了したら、Arduino IDE を起動します。

Arduino IDE で M5Stack の開発を行うためには、Arduino IDE の中で「arduino-esp32」ライブラリをインストールする必要があります。Arduino IDE で「ファイル」→「環境設定」を選択します。

● ボードマネージャの設定

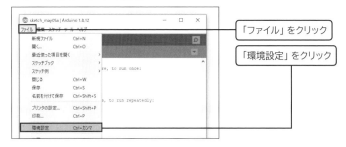

「ファイル」をクリック

「環境設定」をクリック

追加ボードマネージャの URL の右端にあるボタンを選択し、追加ボードマネージャの URL のダイアログを表示します。ダイアログの中に次の URL（arduino-esp32 ライブラリの URL）を入力し、「OK」を 2 回クリックしてダイアログを閉じます。

https://dl.espressif.com/dl/package_esp32_index.json

● arduino-esp32ライブラリのURLの入力

クリック

次に、ボードマネージャから、arduino-esp32 ライブラリをインストールします。Arduino IDE から、「ツール」→「ボード」→「ボードマネージャ ...」を選択します。

ダイアログで「esp32」を検索し、「esp32 by Espressif Systems」を選択し、最新のバージョンのパッケージを選択して、「インストール」を選択します。 インストールが完了したら、ダイアログを閉じます。本書では、arduino-esp32 ライブラリの ver1.0.4 をインストールしました。

● arduino-esp32ライブラリをインストール

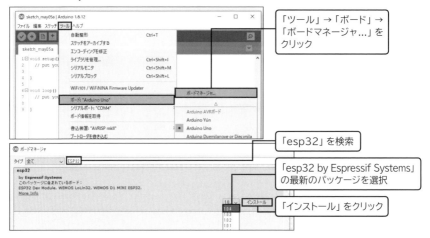

Arduino IDE のメニューから、「ツール」→「ボード：Arduino/Genuino UNO」→「M5Stack-Core-ESP32」を選択します。「シリアルポート」は、M5Stack をパソコンに接続し、表示されたポート番号を選択します。

1

M5Stackを使ってみよう

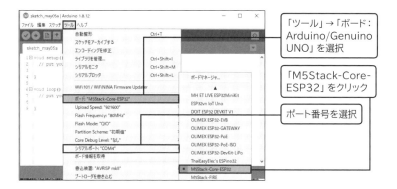

「ツール」→「ボード：Arduino/Genuino UNO」を選択

「M5Stack-Core-ESP32」をクリック

ポート番号を選択

M5Stackライブラリのインストール

次に、M5Stack のライブラリをインストールします。Arduino IDE のメニューから、「スケッチ」→「ライブラリをインクルード」→「ライブラリを管理」を選択して、ライブラリマネージャを起動します。

ダイアログで「M5Stack」を検索し、「M5Stack by M5Stack」というライブラリを選択し、最新のバージョンのパッケージを選択して、「インストール」を選択します。インストールができたら、ダイアログを閉じます。

● M5Stackライブラリのインストール

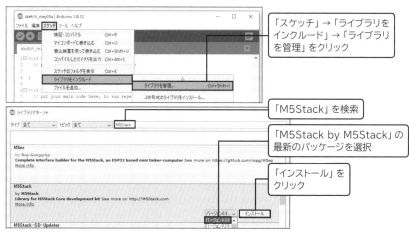

「スケッチ」→「ライブラリをインクルード」→「ライブラリを管理」をクリック

「M5Stack」を検索

「M5Stack by M5Stack」の最新のパッケージを選択

「インストール」をクリック

ここまでで、Arduino IDE で M5Stack の開発を行う準備が整いました。

03

M5Stackのプログラミング開発を始めよう

　M5Stack には、ボタン、ディスプレイ、IMU、スピーカ、Wi-Fi 通信などを扱うにあたり便利な「M5Stack ライブラリ」が用意されています。これを使って、M5Stack をプログラミングしていきましょう。

　M5Stack のプログラミングの大まかな流れは次の通りです。

◎M5Stackのプログラミングの大まかな流れ

```
#include <M5Stack.h>          //M5Stack のライブラリを呼び出すヘッダ

void setup(){                 // 起動直後に 1 回実行する
  M5.begin();                 //M5Stack を初期化する
  M5.Power.begin();           //M5Stack のバッテリー管理機能を初期化する
    // 初期化処理を記述する
}

void loop() {                 //setup 関数の終了後、ずっと繰り返し実行される
    M5.update();              //M5Stack の状態を更新する
    // センサーの読み取りや、繰り返し実行する処理を記述する
}
```

M5Stackのプログラミング構造

　プログラムの先頭で、「M5Stack.h」のヘッダを呼び出します。このヘッダファイルを呼び出すと、M5Stack を便利に扱うための関数が使えるようになります。

```
#include <M5Stack.h>     //M5Stack のライブラリを呼び出すヘッダ
```

　setup 関数は、M5Stack の電源を ON にして、M5Stack が起動した直後に 1 回実行される関数です。M5.begin 関数でディスプレイやボタンの初期化を行い、M5.Power.begin 関数でバッテリー管理機能を初期化します。他に、M5Stack に

センサーやモータを接続して初期化が必要な場合、このあとに初期化処理を記述します。

```
void setup(){             // 起動直後に 1 回実行する
  M5.begin();             //M5Stack を初期化する
  M5.Power.begin();       //M5Stack のバッテリ管理機能を初期化する
    // 初期化処理を記述する
}
```

　loop 関数は、setup 関数の終了後、ずっと繰り返し実行される関数です。M5Stack のボタンやスピーカの状態を監視する M5.update 関数を記述します。この loop 関数の中で、センサーの読み取りや、繰り返し実行する処理を記述します。

```
void loop() {             //setup 関数の終了後、ずっと繰り返し実行される
    M5.update();          //M5Stack の状態を更新する
    // センサーの読み取りや、繰り返し実行する処理を記述する
}
```

　基本的な構造は以上です。では、実際にプログラムを入力してみましょう。

プログラム（スケッチ）の実行

　Arduino IDE では、プログラムのことを「**スケッチ**」と呼びます。エディタ領域にプログラムを入力したら、「スケッチを保存」でスケッチを保存し、「マイコンボードに書き込む」で実行します。

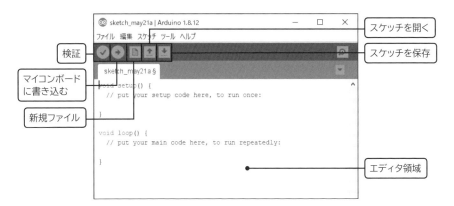

ディスプレイに文字を表示する

M5Stack のディスプレイをうまく使いこなせば、見ている人にわかりやすいお知らせを表示することができます。M5Stack では、ディスプレイに文字列や図形を描画するための関数が、M5.Lcd オブジェクトに用意されています。

M5Stack のディスプレイに数字をカウントアップして表示するプログラムを作ってみました。

● ディスプレイに文字を表示

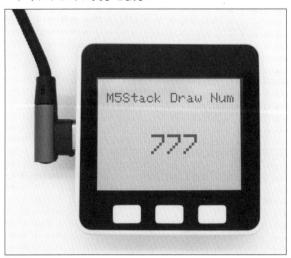

1-1 ディスプレイに文字を表示するArduinoプログラム

```
#include <M5Stack.h>
uint16_t counter;                          // カウントアップする変数

void setup() {
  M5.begin();                              //M5Stack を初期化
  M5.Power.begin();                        //M5Stack のバッテリ初期化
  M5.Lcd.clear(WHITE);                     // 背景を白でクリアする
  M5.Lcd.setTextColor(BLUE, WHITE);        // テキストの文字色を指定
  counter = 0;
}
```

```
void loop() {
  M5.update();                              //M5Stack の内部処理を更新

  M5.Lcd.setCursor(20, 30);                 // 文字の先端位置を指定
  M5.Lcd.setTextSize(3);                    // 文字の大きさを指定
  M5.Lcd.println("M5Stack Draw Num");       // 文字を表示

  M5.Lcd.setCursor(120, 120);               // 文字の先端位置を指定
  M5.Lcd.setTextSize(6);                    // 文字の大きさを指定
  M5.Lcd.println(counter++);                // 変数を表示
  vTaskDelay(10);
}
```

　M5Stack のディスプレイに文字列を描画する関数を、表にまとめました。

　文字を表示する関数には、M5.Lcd.print 関数と M5.Lcd.drawString 関数の 2
種類の関数が用意されています。

　M5.Lcd.print 関数は、M5Stack の内部で表示した文字の場所を記憶して、文字
が被らないように自動的に文字の位置を調整します。

　M5.Lcd.drawString 関数は、指定した座標に文字列を描画することができ、
M5Stack のディスプレイの中で毎回同じ場所に表示したいときに使います。

○ **ディスプレイに文字列を描画する関数**

関数名	機能
M5.Lcd.clear(uint16_t color)	指定した色で画面をクリアする
M5.Lcd.setTextColor(uint16_t color, [uint16_t backgroundcolor])	文字と背景の色を変更する（背景の色は省略可）
M5.Lcd.setTextSize(uint8_t size);	描画する文字サイズを 1 〜 7 で指定する
M5.Lcd.setCursor(uint16_t x0, uint16_t y0);	文字の先頭位置を指定する
M5.Lcd.print(" 文字列 ");	指定の文字列を描画する
M5.Lcd.println(" 文字列 ")	指定の文字列を描画し、文末に改行を追加する
M5.Lcd.printf(" 書式指定 ",arg1...);	書式指定して文字列を描画する
M5.Lcd.drawString(" 文字列 ", int32_t poX, int32_t poY)	文字列を指定座標に描画する

ディスプレイに図形を表示する

M5Stackには、三角形や円などの基本的な図形を描画する関数が用意されています。M5Stackのディスプレイに、三角形をランダムに表示していくプログラムを作成してみました。

● ディスプレイに図形を表示

1-2 ディスプレイに図形を表示するArduinoプログラム

```
#include <M5Stack.h>
void setup() {
  M5.begin();                      //M5Stack を初期化
  M5.Power.begin();                //M5Stack のバッテリ初期化
  M5.Lcd.clear(BLACK);             // 背景を黒でクリアする
}
void loop() {
  M5.update();                     //M5Stack の内部処理を更新

  int width = M5.Lcd.width() - 1;    //LCD の幅を取得
  int height = M5.Lcd.height() - 1;  //LCD の高さを取得

  /* 三角形をランダムに表示する */
  M5.Lcd.fillTriangle(random(width), random(height), random(width),
    random(height), random(width), random(height), random(0xfffe));
}
```

M5Stack のディスプレイの図形関数を表にまとめました。直線、三角形、四角形、角丸の四角形、円、楕円といった基本図形を描画します。それぞれ輪郭と塗りつぶしを描画する関数が用意されています。

○ **ディスプレイに図形を描画する関数**

関数名	機能
M5.Lcd.drawLine(int16_t x0, int16_t y0, int16_t x1, int16_t y1, [uint16_t color])	指定色の直線を描画する
M5.Lcd.drawTriangle(int16_t x0, int16_t y0, int16_t x1, int16_t y1, int16_t x2, int16_t y2, [uint16_t color])	三角形の輪郭を指定色で描画する
M5.Lcd.fillTriangle(int16_t x0, int16_t y0, int16_t x1, int16_t y1, int16_t x2, int16_t y2, [uint16_t color])	三角形を指定色で塗りつぶして描画する
M5.Lcd.drawRect(int16_t x, int16_t y, int16_t w, int16_t h, [uint16_t color])	四角形の輪郭を指定色で描画する
M5.Lcd.fillRect(int16_t x, int16_t y, int16_t w, int16_t h, [uint16_t color])	四角形を指定色で塗りつぶして描画する
M5.Lcd.drawRoundRect(int16_t x, int16_t y, int16_t w, int16_t h, int16_t r, [uint16_t color])	角丸の四角形の輪郭を描画する
M5.Lcd.fillRoundRect(int16_t x, int16_t y, int16_t w, int16_t h, int16_t r, [uint16_t color])	角丸の四角形を塗りつぶして描画する
M5.Lcd.drawEllipse(int16_t x0, int16_t y0, int32_t rx, int32_t ry, uint16_t color)	楕円の輪郭を描画する
M5.Lcd.fillEllipse(int16_t x0, int16_t y0, int32_t rx, int32_t ry, uint16_t color)	楕円を塗りつぶして描画する

M5Stack では、あらかじめ定義されている BLACK や RED といった変数で指定する方法と、16Bit Color という画像フォーマットで色情報を指定する方法があります。Red ／ Green ／ Blue の三原色を 8Bit（256 階調）で割り当てる 24Bit Color に対して、16Bit Color は Red と Blue の 2 原色に各 5Bit（32 階調）を割り当て、Green に Bit（64 階調）を割り当てる画像フォーマットです。

ディスプレイの色定義

色	Red	Green	Blue	16Bit Color
WHITE	255	255	255	0xFFFF
BLACK	0	0	0	0x0000
PURPLE	128	0	128	0x780F
OLIVE	128	128	0	0x7BE0
LIGHTGREY	192	192	192	0xC618
DARKGREY	128	128	128	0x7BEF
BLUE	0	0	255	0x001F
GREEN	0	255	0	0x07E0
CYAN	0	255	255	0x07FF
RED	255	0	0	0xF800
MAGENTA	255	0	255	0xF81F
YELLOW	255	255	0	0xFFE0
ORANGE	255	165	0	0xFD20
PINK	255	148	255	0xF81F

M5Stack のライブラリには、24Bit Color を 16Bit Color に変換する M5.Lcd.color565 関数が用意されています。

```
#include <M5Stack.h>
  //24Bit Color を 16Bit Color に変換する
  uint16_t color=M5.Lcd.color565(255,255,255);
```

24BitColorと16BitColorの色変換を行う関数

関数名	機能
M5.Lcd.color565(uint8_t Red, uint8_t Green,uint8_t Blue)	関数で使用する色コード（rgb565）に変更する

ボタンを押す

M5Stack には、ディスプレイの下に 3 つのボタンが付いています。左から A ボタン／ B ボタン／ C ボタンの名前が付けられていて、ボタンの押し方にあわせてそれぞれ応答する関数が用意されています。

ボタンを押すと、ディスプレイにボタンの名前を表示するプログラムを作成してみました。

○ **ボタンを押す**

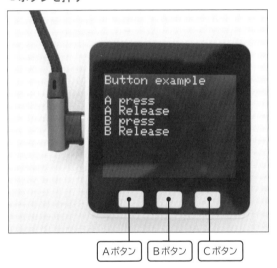

Aボタン　Bボタン　Cボタン

1-3 ボタンを押すとボタン名を表示するArduinoプログラム

```
#include <M5Stack.h>

void setup() {
  M5.begin();                          //M5Stack を初期化
  M5.Power.begin();                    //M5Stack のバッテリ初期化
  M5.Lcd.clear(BLACK);                 // 背景を黒でクリアする
  M5.Lcd.setTextColor(YELLOW);         // テキストの文字色を指定
  M5.Lcd.setTextSize(3);               // 文字の大きさを指定
  M5.Lcd.setCursor(0, 0);              // 文字の先端位置を指定
  M5.Lcd.println("Button example\n");  // 文字を表示
```

```
}
void loop() {
  M5.update();                               //M5Stack の内部処理を更新

  if (M5.BtnA.wasReleased())  {              //A ボタンを離した場合の処理
    M5.Lcd.println("A Release");             // 文字を表示
  }
  else if (M5.BtnA.wasPressed())  {          //A ボタンを押した場合の処理
    M5.Lcd.println("A press");               // 文字を表示
  }

  else if (M5.BtnA.wasReleasefor(1000)) {
                          //A ボタンを離した後 1000msec 経過後の処理
    M5.Lcd.println("A wasReleasefor");       // 文字を表示
  }

  else if (M5.BtnB.wasReleased())  {         //B ボタンを離した場合の処理
    M5.Lcd.println("B Release");             // 文字を表示
  }
  else if (M5.BtnB.wasPressed())  {          //B ボタンを押した場合の処理
    M5.Lcd.println("B press");               // 文字を表示
  }
  else if (M5.BtnB.wasReleasefor(1000)) {
                          //B ボタンを離した後 1000msec 経過後の処理
    M5.Lcd.println("B wasReleasefor");
  }
  if (M5.BtnC.wasPressed()){                 //C ボタンを押した場合の処理
    M5.Lcd.clear(BLACK);                     // 背景を黒でクリアする
    M5.Lcd.setCursor(0, 0);                  // 文字の先端位置を指定
  }
}
```

　M5Stack には、ボタンの押し方によって異なる判定条件を使える関数が用意されています。

　「ボタンが押されたらメッセージを表示する」場合は wasPressed 関数を使い、「ボタンが押されている間だけ表示する」ときには isPressed 関数、「ボタンを長押しした場合だけ表示する」なら pressedFor 関数を使います。

ボタンの押し方を検出する関数

関数名	機能
M5.BtnA/B/C.isPressed()	ボタンが押されていると True を返す
M5.BtnA/B/C.isReleased()	ボタンが離されていると True を返す
M5.BtnA/B/C.wasPressed()	ボタンが押される度に 1 度だけ True を返す
M5.BtnA/B/C.wasReleased()	ボタンが離される度に 1 度だけ True を返す
M5.BtnA/B/C.wasReleasefor(uint16_t time)	ボタンが離された後、time[ミリ秒] 後に 1 度だけ True を返す
M5.BtnA/B/C.pressedFor(uint16_t time)	time[ミリ秒] 以上ボタンが押し続けられたら True を返す
M5.BtnA/B/C.releasedFor(uint16_t time)	time[ミリ秒] 以上ボタンが離し続けられたら True を返す

スピーカから音を出す

M5Stack には、音を出して周りの人たちにお知らせできるスピーカが付いています。ビープ音を鳴らす beep 関数と、指定した周波数の音を鳴らす tone 関数で、音を出して確認してみましょう。大きな音が鳴るので注意してください。

1-4 スピーカで音を出すArduinoプログラム

```
#include <M5Stack.h>
void setup() {
  M5.begin();                              //M5Stack を初期化
  M5.Power.begin();                        //M5Stack のバッテリ初期化
  M5.Lcd.setTextSize(2);                   // 文字の大きさを指定
  M5.Lcd.println("M5Stack Speaker");       // 文字を表示
  M5.Speaker.setBeep(3000, 200);           // ビープ音を設定
}

void loop() {
  M5.update();                             //M5Stack の内部状態を更新

  if (M5.BtnA.wasPressed()) {              //Aボタンを押された場合にビープ音を鳴らす
    M5.Lcd.printf("A wasPressed \r\n");
    M5.Speaker.beep(); //beep
  }
```

```
  if (M5.BtnB.wasPressed()) {    //B ボタンを押された場合に tone 音を鳴らす
    M5.Lcd.printf("B wasPressed \r\n");
    M5.Speaker.tone(3000, 200);
  }

}
```

　setBeep 関数で、鳴らす周波数と鳴らす時間・長さを設定したあとに、beep 関数を呼び出すと M5Stack のスピーカから Beep 音が鳴り出します。tone 関数でも、同じように鳴らす周波数と鳴らす時間・長さを指定してスピーカから音を出すことができます。

○ スピーカで音を出す関数

関数名	機能
M5.Speaker.setBeep(uint16_t freq, uint16_t duration):	ビープ音の指定した周波数と長さを設定する
M5.Speaker.beep();	ビープ音を鳴らす
M5.Speaker.tone(uint16_t freq, [uint32_t duration]):	指定した周波数と時間でスピーカを鳴らす
M5.Speaker.mute();	スピーカをミュートにする

M5StackでWAVファイルを再生する

　M5Stack のスピーカから WAV ファイルや MP3 ファイルといった音楽ファイルを再生するには、「ESP8266Audio ライブラリ」と「ESP8266_SPIRam」を使います。
　ESP8266Audio ライブラリを使うことで、音楽ファイルの中身を解析し、I2S という音声データをシリアル通信するための信号を出力することができます。ESP8266Audio ライブラリは、ESP8266 マイコンと ESP32 マイコンに対応しています。ESP8266_SPIRam ライブラリは、ESP8266Audio ライブラリの内部で使われており、フラッシュメモリへアクセスする場合に使います。
　まず、ブラウザで「ESP8266Audio」の GitHub へアクセスし、「Clone or download」→「Download ZIP」から ZIP ファイルをダウンロードします。

「ESP8266_SPIRam」も同様の手順でダウンロードします。

- **ESP8266Audio の GitHub**
  https://github.com/earlephilhower/ESP8266Audio
- **ESP8266_SPIRam の GitHub**
  https://github.com/Gianbacchio/ESP8266_Spiram

ESP8266Audioライブラリのダウンロード

続いて、ダウンロードしたライブラリを Arduino IDE にインストールします。
Arduino IDE の「スケッチ」→「ライブラリをインクルード」→「.ZIP 形式のライブラリをインストール」でダウンロードした ZIP ファイルを選ぶとインストールできます。

ESP8266Audioライブラリのインストール

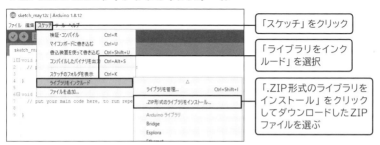

事前に microSD カード（TF カード）に「sample.wav」という名前の WAV ファイルを格納し、M5Stack の microSD スロットに差しておきます。

WAV ファイルを再生するプログラムを書き込み、M5Stack から WAV ファイルが再生できることを確認します。

1-5 WAVファイルを再生するArduinoプログラム

```
#include <M5Stack.h>
#include <WiFi.h>
/* ESP8266Audio ライブラリの関数を読み込む */
#include "AudioFileSourceSD.h"
#include "AudioGeneratorWAV.h"
#include "AudioOutputI2S.h"

AudioGeneratorWAV *wav;              //wav ファイルを扱うクラス
AudioFileSourceSD *file;             //SD カードからのファイルを扱うクラス
AudioOutputI2S *out;                 //I2S 出力を扱うクラス

void setup() {
  M5.begin();                        //M5Stack を初期化
  M5.Power.begin();                  //M5Stack のバッテリ初期化
  WiFi.mode(WIFI_OFF);               //Wi-Fi を OFF
  delay(500);

  M5.Lcd.clear(BLACK);               // 背景を白でクリアする
  M5.Lcd.setTextFont(5);             // 文字の大きさを指定
  M5.Lcd.drawString("WAV Play...\n", 10, 50);   // 文字を表示

  file = new AudioFileSourceSD("/sample.wav"); // wav ファイルを読み込む
  out = new AudioOutputI2S(0, 1);    //I2S 出力を選択
  out->SetOutputModeMono(true);      // モノラルを選択
  wav = new AudioGeneratorWAV();     //wav ファイルを生成
  wav->begin(file, out);             //wav ファイルを再生
}

void loop()
{
  if (wav->isRunning()) {            //wav ファイルが再生中の処理
    if (!wav->loop()) wav->stop();   //wav ファイルが終了したら再生停止
  }
  else {                             //wav ファイルが終了した後の処理
    M5.Lcd.drawString("WAV done\n", 10, 150);
    delay(1000);
  }
}
```

Wi-Fiに接続する

M5Stack に搭載されているマイコン ESP32 は、無線通信規格の IEEE802.11 b／g／n の 2.4GHz 帯に対応した、Wi-Fi 通信機能を備えています。M5Stack を Wi-Fi ネットワークにつなげると、スマートフォンをはじめとして、さまざまな端末やクラウドサービスと連携することができるようになります。

Wi-Fi ネットワークの中で、M5Stack を子機にする「ステーションモード」と、M5Stack 親機にする「アクセスポイントモード」の両方を切り替えて使うことができます。

■ステーションモードでWi-Fi接続する

接続

親機　　　　　　　　　　　　子機

M5Stack を子機として、すでに設置されている Wi-Fi ネットワークに接続するときは、ステーションモードを使います。SSID とパスワードは、Wi-Fi ルーターなどの親機で設定している値に書き換えてください。

1-6 ステーションモードのArduinoプログラム

```
#include <M5Stack.h>
#include <WiFi.h>
#include <WiFiClient.h>
#include <WiFiAP.h>

//Wi-Fi の SSID とパスワード
const char *ssid = "your_ssid";
const char *password = "your_passwd";

void setup_wifi_sta() {
  M5.begin();                    //M5Stack を初期化
  M5.Power.begin();              //M5Stack のバッテリ初期化
```

```
  M5.Lcd.setTextFont(4);
  M5.Lcd.println();
  M5.Lcd.print("Connecting to ");
  M5.Lcd.println(ssid);
  WiFi.begin(ssid, password);              //Wi-Fiと接続を開始

  while (WiFi.status() != WL_CONNECTED) {  // 接続完了するまで繰り返す
    delay(500);
    M5.Lcd.print(".");
  }
  M5.Lcd.println("");
  M5.Lcd.println("WiFi connected");
  M5.Lcd.println("IP address: ");
  M5.Lcd.println(WiFi.localIP());          //IPアドレスを表示する
}
void setup() {
  setup_wifi_sta();
}

void loop() {
}
```

■アクセスポイントモードでWi-Fi接続する

接続

親機　　　　　　　　　　　　　　子機

　M5Stack をアクセスポイントモードで立ち上げると、Wi-Fi のアクセスポイントの親機にすることができます。スマートフォンで、M5Stack の SSID にアクセスすると、周囲に Wi-Fi の設備がなくても、M5Stack とスマートフォンとをWi-Fi ネットワークでつなぐことができます。

1-7　アクセスポイントモードのArduinoプログラム

```
#include <M5Stack.h>
#include <WiFi.h>
#include <WiFiClient.h>
```

```
#include <WiFiAP.h>

//Wi-Fi の SSID とパスワード
const char *ssid = "M5Stack_AP";
const char *password = "your_passwd";

void setup_wifi_ap() {
  M5.begin();                              //M5Stack を初期化
  M5.Power.begin();                        //M5Stack のバッテリ初期化

  M5.Lcd.setTextFont(4);

  WiFi.softAP(ssid, password);             //Wi-Fi のアクセスポイントを起動
  M5.Lcd.print("\n AP Name: ");
  M5.Lcd.println("ssid");
  IPAddress myIP = WiFi.softAPIP();
  M5.Lcd.println("\n AP IP address: ");    //IP アドレスを表示する
  M5.Lcd.println(myIP);
}
void setup() {
  setup_wifi_ap();
}

void loop() {
}
```

Section 04
スマートグラス「e幹事」 を作ってみよう

お客さまのグラスが空なのに、気づくことができなかった！ そんな経験はありませんか？

楽しい飲み会で、周囲に気遣いのできる人なりたい！ そんな人のために、M5Stack で「スマートグラス e 幹事」を作ってみました。

○ スマートグラス e幹事

スマートグラス e幹事の仕組み

私たちはおかわりをする前の動作として、飲み物が少なくなるとグラスを傾けるという規則性を発見しました。スマートグラス e 幹事は、M5Stack の加速度センサーでグラスの傾きを検出して、グラスの中身が少ないと判断したら、自動的に「おかわり」をお願いすることで、飲み会の幹事をさりげなくアシストする機能を搭載しています。

◦ スマートグラス e幹事の仕組み

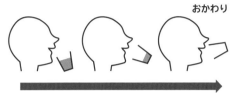

おかわり

M5Stackで音声合成をする

M5Stack で会話する機能は、株式会社アクエストが販売する「AquesTalk ESP32」という音声合成エンジンを使って実装しています。

今回は「AquesTalk ESP32」の評価版を使用します。評価版ではナ行とマ行の音韻がすべて「ヌ」と発声される制限があります。製品版を購入すると制限なく、自然な発声が可能です。

■AquesTalk ESP32のインストール

以下の URL（AquesTalk のホームページ）から、AquesTalk ESP32 の ZIP ファイルをダウンロードします。

https://www.a-quest.com/download.html

◦ AquesTalk のダウンロード

ZIP ファイルを解凍して、"libaquestalk.a" と "aquestalk.h" を、Arduino-ESP32 ライブラリのインストール場所にコピーします。

{PATH_Arduino_ESP32} は、Arduino-ESP32 ライブラリのインストール場所を表しています。arduino-esp32 ライブラリの ver1.0.4 をインストールしている場合は、以下の場所になります。

```
C:\Users\{ ユーザ名 }\AppData\Local\Arduino15\packages\esp32\hardware\esp32\1.0.4
```

このパスをここから先では {PATH_Arduino_ESP32} と記述しました。

○ AquesTalk ESP32のZIPファイルの中身

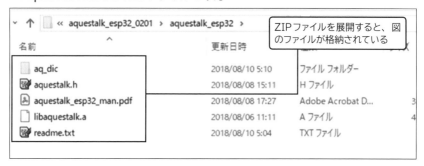

```
"libaquestalk.a" のコピー先：
 {PATH_Arduino_ESP32}\tools\sdk\lib\libaquestalk.a

"aquestalk.h" のコピー先：
 {PATH_Arduino_ESP32}\tools\sdk\include\aquestalk\aquestalk.h
※ "aquestalk.h" は「aquestalk」フォルダを作成して、その下に格納する
```

次に platform.txt と同じ場所に、platform.local.txt を新規作成します。

```
    {PATH_Arduino_ESP32}¥platform.local.txt
```

platform.local.txt に、次のように、aquestalk のヘッダファイルとライブラリファイルへのパスを追加します。

```
compiler.c.extra_flags="-I{compiler.sdk.path}/include/aquestalk"
compiler.cpp.extra_flags="-I{compiler.sdk.path}/include/aquestalk"
compiler.c.elf.libs={platform.txt の compiler.c.elf.libs} -laquestalk
```

　ここで注意が必要なのが、3行目の {platform.txt の compiler.c.elf.libs} は Arduino-ESP32 のバージョンによって異なるため、必ず platform.txt を開き、compiler.c.elf.libs の部分をコピーします。そして文末の最後に -laquestalk を付け加えます。

　本書の環境では、platform.txt は次のようになります。枠で囲った部分をコピーしましょう。

```
name=ESP32 Arduino
version=

（中略）


compiler.S.cmd=xtensa-esp32-elf-gcc
compiler.S.flags=-c -g3 -x assembler-with-cpp -MMD -mlongcalls

compiler.c.elf.cmd=xtensa-esp32-elf-gcc
compiler.c.elf.flags=-nostdlib "-L{compiler.sdk.path}/lib" "-L{compiler.
sdk.path}/ld" -T esp32_out.ld -T esp32.common.ld -T esp32.rom.ld -T
esp32.peripherals.ld -T esp32.rom.libgcc.ld -T esp32.rom.spiram_
incompatible_fns.ld -u ld_include_panic_highint_hdl -u call_user_start_
cpu0 -Wl,--gc-sections -Wl,-static -Wl,--undefined=uxTopUsedPriority -u
__cxa_guard_dummy -u __cxx_fatal_exception
```
```
compiler.c.elf.libs=-lgcc -lesp32 -lphy -lesp_http_client -lmbedtls -lrtc
-lesp_http_server -lbtdm_app -lspiffs -lbootloader_support -lmdns -lnvs_
flash -lfatfs -lpp -lnet80211 -ljsmn -lface_detection -llibsodium -lvfs
-ldl_lib -llog -lfreertos -lcxx -lsmartconfig_ack -lxtensa-debug-module
-lheap -ltcpip_adapter -lmqtt -lulp -lfd -lfb_gfx -lnghttp -lprotocomm
-lsmartconfig -lm -lethernet -limage_util -lc_nano -lsoc -ltcp_transport
-lc -lmicro-ecc -lface_recognition -ljson -lwpa_supplicant -lmesh -lesp_
https_ota -lwpa2 -lexpat -llwip -lwear_levelling -lapp_update -ldriver
-lbt -lespnow -lcoap -lasio -lnewlib -lconsole -lapp_trace -lesp32-
camera -lhal -lprotobuf-c -lsdmmc -lcore -lpthread -lcoexist -lfreemodbus
-lspi_flash -lesp-tls -lwpa -lwifi_provisioning -lwps -lesp_adc_cal
-lesp_event -lopenssl -lesp_ringbuf -lfr -lstdc++
```
```

（中略）
```

コピーしたものを貼り付けると、本書の環境では platform.local.txt の中身は次のようになります。

```
compiler.c.extra_flags="-I{compiler.sdk.path}/include/aquestalk"
compiler.cpp.extra_flags="-I{compiler.sdk.path}/include/aquestalk"
compiler.c.elf.libs=-lgcc -lesp32 -lphy -lesp_http_client -lmbedtls -lrtc
-lesp_http_server -lbtdm_app -lspiffs -lbootloader_support -lmdns -lnvs_
flash -lfatfs -lpp -lnet80211 -ljsmn -lface_detection -llibsodium -lvfs
-ldl_lib -llog -lfreertos -lcxx -lsmartconfig_ack -lxtensa-debug-module
-lheap -ltcpip_adapter -lmqtt -lulp -lfd -lfb_gfx -lnghttp -lprotocomm
-lsmartconfig -lm -lethernet -limage_util -lc_nano -lsoc -ltcp_transport
-lc -lmicro-ecc -lface_recognition -ljson -lwpa_supplicant -lmesh -lesp_
https_ota -lwpa2 -lexpat -llwip -lwear_levelling -lapp_update -ldriver
-lbt -lespnow -lcoap -lasio -lnewlib -lconsole -lapp_trace -lesp32-
camera -lhal -lprotobuf-c -lsdmmc -lcore -lpthread -lcoexist -lfreemodbus
-lspi_flash -lesp-tls -lwpa -lwifi_provisioning -lwps -lesp_adc_cal
-lesp_event -lopenssl -lesp_ringbuf -lfr  -lstdc++ -laquestalk
```

　ここまでで、AquesTalk ESP32 を使う環境が準備が整いました。

■AquesTalk ESP32で音声を出す

　AquesTalk ESP32 は、「AquesTalkTTS ライブラリ」を使うと簡単に呼び出すことができます。

　以下の URL（AquesTalk の作者の HP）から「SampleTTS.zip」をダウンロードし、「AquesTalkTTS.cpp」と「AquesTalkTTS.h」を入手しましょう。

　http://blog-yama.a-quest.com/?eid=970195

　Arduino IDE を立ち上げて、次のソースコードを貼り付けます。

1-8 AquesTalk ESP32のArduinoプログラム

```
#include "AquesTalkTTS.h"
//http://blog-yama.a-quest.com/?eid=970195 から入手
#include <M5Stack.h>
#define AQUESTALK_KEY "xxxx"

void setup() {
  M5.begin();                    //M5Stack を初期化
  M5.Power.begin();              //M5Stack のバッテリ初期化

  //AqeusTalk を初期化する
```

```
  int iret = TTS.create(AQUESTALK_KEY);

  //AqeusTalk でテキストメッセージを音声出力する
  TTS.play("okawari-", 80);
}
void loop() {
  M5.update();                    //M5Stack の内部状態を更新
}
```

続いて「スケッチ」→「ファイルを追加…」から、「AquesTalkTTS.cpp」と「AquesTalkTTS.h」を追加しましょう。

追加できたら Arduino IDE でコンパイル・書き込みを行います。なお、ソースコードに記載のある「AQUESTALK_KEY」は、製品版の AquesTalk ESP32 を購入した場合に入力します。

M5Stack を起動すると、M5Stack のスピーカから「おかわり」と発声します。

会話にあわせてお顔を動かそう

犯人との交渉を行うネゴシエータにとって、相手の心を開くには、親しみやすい表情を作ることがとても大切といわれています。そのためには、会話にあわせて自然に表情が動く機能が重要です。M5Stack のディスプレイにお顔を表示して、聞き手に親しみを持ってもらいましょう。

■ディスプレイにお顔を描画する

円形と三角形の要素を使って、親しみやすい表情を意識して、お顔の形をデザインします。

お顔の表情は、Excel でデザインし、M5Stack で高速にディスプレイ描画ができる「スプライト機能」を使って表示しています。

○ディスプレイにお顔を描画

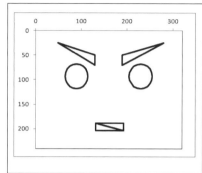

1-9 ディスプレイにお顔を描画するArduinoプログラム

```
#include <M5Stack.h>
TFT_eSprite *Spr;
uint16_t front_col = BLACK;
uint16_t back_col = YELLOW;

/* 顔の表示を行う関数 */
void draw_face(float open) {        // 引数はお口の開き具合
  Spr = new TFT_eSprite(&M5.Lcd);
  Spr->setColorDepth(8);
  Spr->createSprite(320, 240);
  Spr->setBitmapColor(front_col, back_col);
  Spr->fillSprite(back_col);        // 背景を塗る

  // 左眉
  Spr->fillTriangle(190, 70, 190, 50,
                    280 + random(10), 25 + random(15), front_col);
  // 右眉
  Spr->fillTriangle(130, 70, 130, 50,
                    50 + random(10), 25 + random(15), front_col);
  // 左目
  Spr->fillCircle(90 + random(5), 93 + random(5),
                  25 , front_col );
  // 右目
  Spr->fillCircle(230 + random(5), 93 + random(5),
                  25 , front_col );
  // お口
  Spr->fillTriangle(133, 188 - open / 2, 133 + 60, 188 - open / 2,
                    133 + 60, 188 + open / 2, front_col);
  Spr->fillTriangle(133, 188 - open / 2, 133, 188 + open / 2,
```

```
                           133 + 60, 188 + open / 2, front_col);

  // スプライトを表示する
  Spr->pushSprite(0, 0);
}
void setup() {
  M5.begin();
}
void loop() {
  M5.update();
  draw_face(0);     // 顔表示を呼び出し
  vTaskDelay(50);
}
```

■マルチスレッドで並列処理を行う

　会話する場合、音声を出すことと、お口を動かすことは同時に行わなくてはいけません。そうでないと、話しているのに口は閉じている、腹話術師のような不自然な話し方になってしまいますね。

　ESP32では並列処理を行うために、**マルチスレッド**という仕組みが用意されています。

1-10 マルチスレッドで並列処理を行うArduinoプログラム

```
#include <M5Stack.h>

/* task0 のループ関数 */
void task0(void* arg) {
  static int cnt = 0;
  // カウントアップしてシリアルと LCD に表示する
  while (1) {
    Serial.printf("task0 thread_cnt=%ld\n", cnt);
    M5.Lcd.printf("task0 thread_cnt=%ld\n", cnt);
    cnt++;
    vTaskDelay(1000);
  }
}

/* task1 のループ関数 */
void task1(void* arg) {
  static int cnt = 0;
  // カウントアップしてシリアルと LCD に表示する
  while (1) {
    Serial.printf("task1 thread_cnt=%ld\n", cnt);
```

```
    M5.Lcd.printf("task1 thread_cnt=%ld\n", cnt);
    cnt++;
    vTaskDelay(1500);
  }
}

void setup() {
  M5.begin();                           //M5Stack を初期化
  M5.Power.begin();                     //M5Stack のバッテリ初期化
  M5.Lcd.clear(BLACK);
  M5.Lcd.setTextColor(YELLOW);
  M5.Lcd.setTextSize(3);
  M5.Lcd.setCursor(0, 0);

  //task0 のループ関数を起動
  xTaskCreatePinnedToCore(task0, "Task0", 4096, NULL, 1, NULL, 1);

  //task1 のループ関数を起動
  xTaskCreatePinnedToCore(task1, "Task1", 4096, NULL, 2, NULL, 1);
}

void loop() {   //Arduino のメインのループ関数はここで実行
  static int cnt = 0;

  // カウントアップしてシリアルと LCD に表示する
  M5.Lcd.clear(BLACK);
  M5.Lcd.setCursor(0, 0);
  M5.Lcd.printf("Maintask thread_cnt=%ld\n", cnt);
  Serial.printf("Maintask thread_cnt=%ld\n", cnt);
  cnt++;
  vTaskDelay(1200);
}
```

　マルチスレッドは、xTaskCreatePinnedToCore 関数を使うことで実装することができます。次のように関数を呼び出します。

```
xTaskCreatePinnedToCore( タスクの関数名 ," タスク名 ", スタックメモリサイズ ,NULL,
タスク優先順位 , タスクハンドルポインタ ,Core ID);
※ ESP32 の場合コアは 2 つなので、 Core ID は 0 か 1 になる
```

　xTaskCreatePinnedToCore 関数は、ESP-IDF ライブラリ（Espressif IoT Development Framework）で定義されている関数です。M5Stack の開発で使ってきた Arduino-ESP32 ライブラリは ESP-IDF ライブラリの関数が組み込まれており、ESP-IDF の関数を介して、マルチスレッドなどの SP32 内部処理を扱う関数を使うことができます。

■リップシンク機能を実装する

マルチスレッド機能を使い、発音にあわせて、お口を動かす、リップシンクという機能を作ってみましょう。AquesTalkTTS では、発音時のボリュームを参照する getLevel 関数が用意されています。これを使って、「おかわり！」という発声にあわせて、表情を動かしてみましょう。

1-11 リップシンクのArduinoプログラム

```
#include <M5Stack.h>
#include "AquesTalkTTS.h"
TFT_eSprite *Spr;
uint32_t front_col = BLACK;
uint32_t back_col = YELLOW;

/* 顔の表示を行う関数 */
void draw_face(float open) {              // 引数はお口の開き具合
  Spr = new TFT_eSprite(&M5.Lcd);
  Spr->setColorDepth(8);
  Spr->createSprite(320, 240);
  Spr->setBitmapColor(front_col, back_col);
  Spr->fillSprite(back_col);              // 背景を塗る
  Spr->fillTriangle(190, 70, 190, 50,
                    280 + random(10), 25 + random(15), front_col); // 左眉
  Spr->fillTriangle(130, 70, 130, 50,
                    50 + random(10), 25 + random(15), front_col);   // 右眉
  Spr->fillCircle(90 + random(5), 93 + random(5),
                  25 , front_col );  // 左目
  Spr->fillCircle(230 + random(5), 93 + random(5),
                  25 , front_col );  // 右目
  Spr->fillTriangle(133, 188 - open / 2, 133 + 60, 188 - open / 2,
                    133 + 60, 188 + open / 2, front_col);  // 口
  Spr->fillTriangle(133, 188 - open / 2, 133, 188 + open / 2,
                    133 + 60, 188 + open / 2, front_col);  // 口
  Spr->pushSprite(0, 0);                  // スプライトを表示する
}
void drawLoop(void *args) {
  Spr->setColorDepth(8);
  Spr->createSprite(320, 240);
  Spr->setBitmapColor(front_col, back_col);
  for (;;)  {
    /* 音量からお口の大きさを求める */
    int level = TTS.getLevel();
    float open = level / 250.0;
    /* お口をあける量を指定 */
    draw_face(open);
```

```
      vTaskDelay(50);
  }
}
void setup() {
  M5.begin();
  Spr = new TFT_eSprite(&M5.Lcd);
  int iret = TTS.create(NULL);
  if (iret)    Serial.println("ERR: TTS_create():");
    /* お顔を表示させるスレッドの生成 */
  xTaskCreatePinnedToCore(drawLoop,"drawLoop",4096,NULL,1,NULL,0);
}
void loop() {
  M5.update();
  if (M5.BtnA.wasPressed())  TTS.play("okawari-", 80);
  vTaskDelay(50);
}
```

加速度センサーから傾きを読み取る

　スマートグラスe幹事では、「おかわり」が近いことを検出するために、M5StackのIMU（慣性計測装置）の中に入っている加速度センサーを利用しています。

　4種類のM5Stackの中で、BasicだけはIMUが搭載されていませんが、Gray／M5GO／Fireには、9軸のIMUが搭載されています。IMUを読み出すプログラムで、加速度センサーからどんな値が出てくるのかを確認してみましょう。

1-12 加速度センサーから値を読み取るArduinoプログラム

```
#define M5STACK_MPU6886
// #define M5STACK_MPU9250
// #define M5STACK_MPU6050
// #define M5STACK_200Q

#include <M5Stack.h>

float accX = 0.0, accY = 0.0, accZ = 0.0;

void setup() {
  M5.begin();                              //M5Stack を初期化
  M5.Power.begin();                        //M5Stack のバッテリ初期化
  M5.IMU.Init();                           //IMU を初期化
  M5.Lcd.fillScreen(BLACK);
  M5.Lcd.setTextColor(GREEN , BLACK);
  M5.Lcd.setTextSize(2);
}

void loop() {
  M5.IMU.getAccelData(&accX, &accY, &accZ);    //IMU から加速度を取得
  M5.Lcd.setCursor(0, 65);
  M5.Lcd.printf("X %5.2f Y %5.2f Z %5.2f    ", accX, accY, accZ);
  M5.Lcd.setCursor(220, 87);
  M5.Lcd.print(" G");
  vTaskDelay(10);
}
```

■M5StackのIMUの種類

M5Stack の IMU は購入した時期によって、搭載されているセンサーの種類が異なります。これは IMU の生産終了などで入手性が悪くなった際に、M5Stack 社が M5Stack の IMU の切り替えを行ったためです。例えば、M5Stack Gray には最初は MPU9250 が搭載されていましたが、2019 年 6 月の生産以降、MPU6886+BMM150 に変更されています。

加速度センサー読み取りのプログラムでは、M5Stack.h を定義する前に、IMU の種類を指定する変数を定義する必要があります。

●M5StackのIMUの種類

	M5Stack Gray	M5Stack M5GO	M5Stack Fire
IMU	MPU9250 → MPU6886 + BMM150（2019 年 6 月変更）	MPU9250 → MPU6886 + BMM150（2019 年 6 月変更）	MPU6050 + MAG3110 → MPU9250（2018 年 6 月変更）→ SH200Q + BMM150（2019 年 7 月変更）→ MPU6886 + BMM150（2019 年 8 月変更）

どの種類の IMU が搭載されているかは、M5Stack で I2C の機器の一覧を表示することで確認できます。

6 軸の加速度・ジャイロセンサーの MPU6050 と MPU6886 は互換性があり、同じ I2C のアドレスでアクセスできます。

9 軸センサーの MPU9250 は、6 軸の加速度・ジャイロセンサーの MPU6050 と 3 軸の地磁気センサー AK8963 を組み合わせた構成になっています。

6 軸の加速度・ジャイロセンサーの SH200Q は、MPU6050・MPU6886 とは互換性がなく、別の I2C アドレスになっています。

●M5StackのIMUとI2Cアドレス

	加速度センサー + ジャイロセンサー	I2C Address	磁気センサー	I2C Address
MPU9250（MPU6050+AK8963）	MPU6050	0x68	AK8963	0x0C
MPU6050 + MAG3110	MPU6050	0x68	MAG3110	0x0E
SH200Q +BMM150	SH200Q	0x6C	BMM150	0x10
MPU6886 + BMM150	MPU6886	0x68	BMM150	0x10

■M5StackのI2CアドレスからIMUを調べる

M5Stack で I2C アドレス一覧を表示するプログラムを用意しました。

I2C のアドレス一つ一つにアクセスして、デバイスがつながっていた場合には、I2C のアドレスを表示しています。

1-13 I2Cアドレス一覧を表示するArduinoプログラム

```
#include <M5Stack.h>
int textColor = YELLOW;

void setup() {
  M5.begin();                            //M5Stack を初期化
  M5.Power.begin();                      //M5Stack のバッテリ初期化
  M5.Lcd.fillScreen( BLACK );
  M5.Lcd.setTextColor(YELLOW);
  M5.Lcd.setTextSize(2);

  Wire.begin();                          //I2C 通信を開始
  vTaskDelay(1000);
}
void loop() {
  int address;
  int error;
  M5.Lcd.setCursor(0, 0);
  M5.Lcd.println("I2C scanning Address [HEX]");

  /* I2C のアドレス一覧を表示 */
  for (address = 1; address < 127; address++ ) {
    Wire.beginTransmission(address);    //I2C へ通信開始
    error = Wire.endTransmission();     //I2C の通信終了
    if (error == 0) {                   // レスポンスがあるアドレスを表示
      M5.Lcd.print("0x");
      M5.Lcd.print(address, HEX);
      M5.Lcd.print(" ");
    }
    else M5.Lcd.print(".");
    vTaskDelay(10);
  }

  if (textColor == YELLOW) textColor = GREEN;
  else textColor = YELLOW;
  M5.Lcd.setTextColor(textColor, BLACK);
}
```

■加速度センサーでグラスの傾きを求める

　地球上に存在する物体には、常に重力が鉛直方向に加わっています。重力は加速度の一種なので、加速度センサーの値は重力の方向によって出力が変化します。重力と同じ向きでは、重力加速度（約 9.8m/sec^2）が検出され、水平方向を向いているときには重力の影響がなくなり、検出される加速度は 0 になります。

　重力の掛かっている方向から、M5Stack が鉛直方向からどれだけ傾いているのかを求めることができます。 重力の強さを g とすると、重力方向から M5Stack の傾き θ は、 $\theta = \tan^{-1}(g_x/g_y)$ の関係となります。

○加速度センサーで傾きを求める

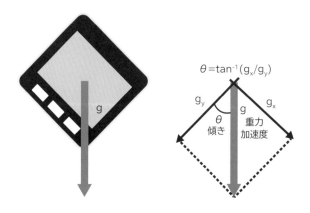

■傾きにあわせてお顔を回す

　M5Stack でグラスの傾きを求めるだけでなく、グラスの傾きにあわせて、逆方向にお顔を傾けて、水平を保つジンバルのような機能を考えてみました。

　話しかけてきた相手のお顔が傾いていると、ちょっと話しづらいと思っちゃいますよね。

● お顔を水平に保つスマートグラスe幹事

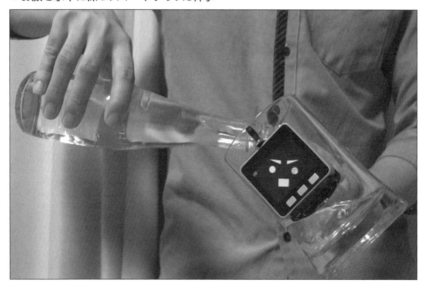

1-14 傾きにあわせてお顔を回すArduinoプログラム

```
#define M5STACK_MPU6886
//#define M5STACK_MPU9250
//#define M5STACK_MPU6050
//#define M5STACK_200Q

#include <M5Stack.h>

TFT_eSprite *Spr;
uint32_t front_col = TFT_BLACK;
uint32_t back_col = TFT_YELLOW;
float rot_theta = 0.0;

float x_cent=160; // ディスプレイ 320x240 の中心
float y_cent=120;

/* 回転させる関数 */
void rot(int16_t x_in, int16_t y_in, int16_t &x_rot, int16_t &y_rot,
        float theta) {
  x_rot = (x_in - x_cent) * cos(theta) - (y_in - y_cent) * sin(theta) +
x_cent;
  y_rot = (x_in - x_cent) * sin(theta) +  (y_in - y_cent) * cos(theta) +
y_cent;
```

```
}
/* 三角形を回転する */
void fillTriangle_r(TFT_eSPI *spi, int16_t x0, int16_t y0, int16_t x1,
                     int16_t y1, int16_t x2, int16_t y2, uint16_t color,
float theta) {
  int16_t x0_rot, x1_rot, x2_rot, y0_rot, y1_rot, y2_rot;
  rot(x0, y0, x0_rot, y0_rot, theta);
  rot(x1, y1, x1_rot, y1_rot, theta);
  rot(x2, y2, x2_rot, y2_rot, theta);
   spi->fillTriangle(x0_rot, y0_rot, x1_rot, y1_rot, x2_rot, y2_rot,
color);
}

/* 円形を回転する */
void fillCircle_r(TFT_eSPI *spi, int16_t x0, int16_t y0, int16_t r0,
                  uint16_t color, float theta) {
  int16_t x0_rot, y0_rot;
  rot(x0, y0, x0_rot, y0_rot, theta);
  spi->fillCircle( x0_rot, y0_rot, r0,  color);
}
/* お顔を表示する */
void draw_face(float open, float theta) {
  fillTriangle_r(Spr, 190, 70, 190, 50,
                 280 + random(10), 25 + random(15), front_col, theta);//
左眉
  fillTriangle_r(Spr, 130, 70, 130, 50,
                 50 + random(10), 25 + random(15), front_col, theta); //
右眉
  fillCircle_r(Spr, 90 + random(5), 93 + random(5),
               25 , front_col , theta); //左目
  fillCircle_r(Spr, 230 + random(5), 93 + random(5),
               25 , front_col , theta); //右目
  fillTriangle_r(Spr, 133, 188 - open / 2, 133 + 60, 188 - open / 2,
                 133 + 60, 188 + open / 2, front_col, theta);  //お口
  fillTriangle_r(Spr, 133, 188 - open / 2, 133, 188 + open / 2,
                 133 + 60, 188 + open / 2, front_col, theta);  //お口
}
/* お顔表示のスレッドのメイン処理 */
void drawLoop(void *args) {
  Spr->setColorDepth(8);
  Spr->createSprite(320, 240);
  Spr->setBitmapColor(front_col, back_col);
  float theta = 0;
  int level = 1;
  for (;;) {
    Spr->fillSprite(back_col);
    float open = level / 250.0;
```

```
    theta = rot_theta;
    draw_face( open, theta);
    Spr->pushSprite(0, 0);
    vTaskDelay(50);
  }
}
void setup() {
  M5.begin();
  M5.Power.begin();
  /* 加速度センサーの初期化 */
  M5.IMU.Init();
  Spr = new TFT_eSprite(&M5.Lcd); //Sprite 処理の初期化
  /* お顔表示のスレッドを生成する */
  xTaskCreatePinnedToCore(drawLoop, "drawLoop", 4096, NULL, 1, NULL, 0);
}
void loop() {
  M5.update();
  /* 加速度センサーの読み取り */
  float ACC_X = 0.0F,  ACC_Y = 0.0F,  ACC_Z = 0.0F;
  M5.IMU.getAccelData(&ACC_X, &ACC_Y, &ACC_Z);
  /* 加速度センサーから傾きを求め、移動平均で平滑化する */
  float rot_new=(atan2(ACC_X, ACC_Y) );
  float weight=0.1;
  rot_theta = (1.0-weight) * rot_theta + weight * rot_new;

  vTaskDelay(1);
}
```

お顔の回転は、グラスの回転角度から、三角関数を使って求めることができます。

○ お顔の回転

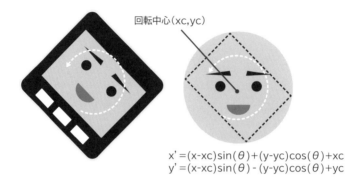

回転中心(xc,yc)

$$x' = (x-xc)\sin(\theta) + (y-yc)\cos(\theta) + xc$$
$$y' = (x-xc)\sin(\theta) - (y-yc)\cos(\theta) + yc$$

```
/* 回転させる関数 */
void rot(int16_t x_in, int16_t y_in, int16_t &x_rot, int16_t &y_rot,
         float theta) {
  x_rot = (x_in - x_cent) * cos(theta) - (y_in - y_cent) * sin(theta) +
x_cent;
  y_rot = (x_in - x_cent) * sin(theta) +  (y_in - y_cent) * cos(theta) +
y_cent;
}
```

　加速度センサーから求めた傾きの測定値に、移動平均を掛けています。

　加速度センサーは、グラスがぶつかった衝撃など、重力による加速度以外の振動
する動きも測定してしまうため、移動平均を掛けて、振動する成分を取り除くこと
で、精度よく傾きを求めることができます。

```
rot_theta = (1.0-weight) * rot_theta + weight * rot_new;
```

プリンを守る「プリン・ア・ラート」を作ってみよう

　せっかく取っておいたプリンを家族に食べられてしまった！　そんな経験はありませんか？

　食べ物の恨み……それはコミュニティに多大な影響を及ぼす無視できない課題です。そんなときに備えて、冷蔵庫のプリン見守りデバイス「プリン・ア・ラート」を製作しました。

○プリン・ア・ラート

プリン・ア・ラートの仕組み

　プリン・ア・ラートは、プリンを検知するセンサーと M5Stack で構成されています。プリン・ア・ラートは、プリンが取られたことを検出すると、犯人に警告を与えます。怒った顔、「プリン、返してね」という強いメッセージ。ついつい盗んでしまった、その人の心に罪悪感を与えます。プリンは多くの場合、もとの場所に戻されることでしょう。それに加えて、もし、プリンが戻されなかった場合にはLINE で通知する機能も搭載してみました。

LINE Notifyにメッセージを投稿する

　プリン・ア・ラートは、プリンに危険が迫ったときに、LINE にメッセージを投稿する機能を持っています。

　LINE に投稿を送る仕組みは、LINE 株式会社が提供する「LINE Notify」というサービスを使います。M5Stack などのデバイスから LINE のサーバを介して、LINE のメッセージを送ることができます。

　LINE Notify を使うためには、事前に LINE Notify のホームページで「アクセストークン」を取得する必要があります。アクセストークンとは、一言でいうと、LINE のサービスを利用するための認証キーです。アクセストークンは他の人に知られてしまわないように、取り扱いには十分注意してください。他の人に知られてしまうと、あなたの LINE にメッセージが勝手に送られてしまう危険性があります。

■LINE Notifyを使う準備をする

　LINE Notify のアクセストークンは、LINE Notify のホームページから入手します。まず、以下の URL（LINE Notify のホームページ）にアクセスします。

https://notify-bot.LINE.me/

　次に、LINE のアカウントでログインします。LINE のアカウント情報は、スマートフォンの LINE アプリの「設定」→「アカウント」から確認できます。ログインしたら、画面右上のメニューからマイページを開きます。

○LINE Notify

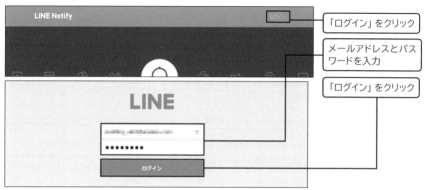

「ログイン」をクリック

メールアドレスとパスワードを入力

「ログイン」をクリック

○ LINE Notifyのマイページ

マイページに「アクセストークンの発行（開発者向け）」という項目があります。
「トークンを発行する」からアクセストークンを発行します。

○ アクセストークンの発行

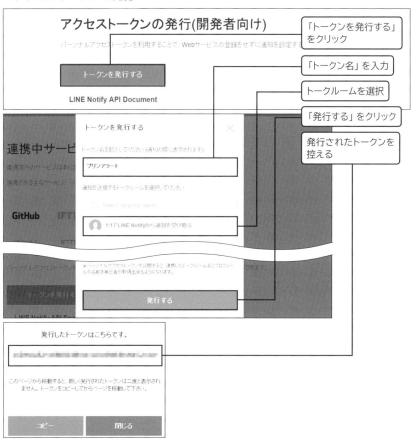

発行されたアクセストークンをメモしておきます。アクセストークンは、次のページに進むと見ることができません。もし、アクセストークンをなくしてしまった場合は、最初からやり直して、もうひとつアクセストークンを取得しましょう。

これで、LINE Notify を M5tack で使うための準備ができました。

LINE Notifyでメッセージを投稿する

M5Stack から LINE Notify にメッセージを投稿するプログラムを Arduino で作っていきましょう。

◉LINE にメッセージを投稿

Arduino IDE で、ソースコードをコンパイルして M5Stack に書き込んでいきます。"your_ssid" と "your_passwd" は、Wi-Fi 環境にあわせて書き換えます。"your_token" は、LINE Notify のホームページで取得したアクセストークンに書き換えます。

M5Stack を起動すると、あなたのスマートフォンの LINE へメッセージが送信されます。LINE のメッセージを確認してみましょう。LINE のホストサーバに対して、M5Stack から https 通信でメッセージを送信し、あなたの LINE にメッセージを送ることができました。

1-15 LINEにメッセージを投稿するArduinoプログラム

```
#include <ssl_client.h>
#include <WiFiClientSecure.h>
#include <M5Stack.h>
```

```
/* Wi-Fi 環境設定 */
const char* ssid = "your_ssid";
const char* password = "your_passwd";

void setup() {
  M5.begin();                         //M5Stack を初期化
  M5.Power.begin();                   //M5Stack のバッテリ初期化

  wifi_connect();                     //Wi-Fi に接続する
  send_line_alert();                  //LINE への送信
}
void loop() {
  M5.update();                        //M5Stack の内部処理を更新
}
/* Wi-Fi に接続する */
void wifi_connect() {
  WiFi.begin(ssid, password);
  while (WiFi.status() != WL_CONNECTED)  vTaskDelay(500);
  Serial.println(WiFi.localIP());
}
/* LINE への送信 */
void send_line_alert() {
  /* LINENofify の設定 */
  const char* host = "notify-api.line.me";
  const char* token = "your_token";

  const char* message1 = "プリンが取られました！！！";
  WiFiClientSecure client;
  if (!client.connect(host, 443)) {
    return;
  }
  /* LINE Notify のサーバへ HTTPS 通信でメッセージを POST する */
  String query = "message=" + String(message1);
  String request = "POST /api/notify HTTP/1.1\r\n";
  request += "Host:" + String(host) + "\r\n";
  request += "Authorization:Bearer " + String(token) + "\r\n";
  request += "Content-Length:" + String(query.length()) + "\r\n";
  request += "Content-Type: application/x-www-form-urlencoded\r\n\r\n" +
String(query) + "\r\n";
  client.print(request);
  Serial.print(request);

  while (client.connected()) {
    String line_str = client.readStringUntil('\n');
    if (line_str == "\r")    break;
  }
}
```

圧力センサーでプリンの重さを検出する

　プリンが盗まれたことは、どうやって検出すればよいでしょうか？　また、プリンが違うものに置き換えられていた！　そんな、用意周到なプリン泥棒が来てしまったら、どうしたらよいでしょうか。

　こうなってしまっては、置いてあるプリンがもとのプリンであるか、はたまた別の何かに入れ替わっているかをプリン・ア・ラートが判別できるようにしなくてはいけませんね。そこで、プリン・ア・ラートが重さを測定する機能を作ってみました。

○圧力センサーで重さを量る

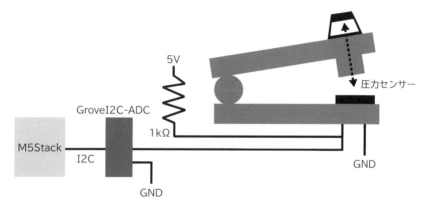

　プリン・ア・ラートの台座は、「てこの原理」を使い、プリンが置いてあると圧力センサーに重さが伝わるようにしています。重さセンサーには、圧力センサー「FSR406」を使いました。この圧力センサーは、圧力で抵抗値が変化します。圧力センサーと直列に抵抗をつなぎ、I2C の ADC 変換器「GROVE-I2C ADC」でアナログ電圧をモニタリングしています。

　ESP32 にはアナログ電圧を読み取る ADC（アナログーデジタル変換回路）が搭載されています。しかし、スピーカへアナログ電圧を出力する機能との相性が悪く、アナログ読み込みをしながらスピーカから音を出すとノイズが乗り、会話が聞き取りにくくなるという不具合が起きてしまいました。そこで、アナログの読み込みはI2C 接続の外部モジュール「GROVE - I2C ADC」を使いました。

● プリン・ア・ラートの仕組み

GROVE - I2C ADCモジュールを背面に搭載

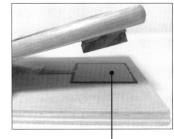

お盆の上にプリンが載ると圧力センサーが押し込まれる

● プリン・ア・ラートの部品表

名称	型番
M5Stack	M5Stack Gray
圧力センサー	FSR406
I2C-AD 変換ボード	GROVE-I2C ADC

M5Stack には I2C デバイスと通信を行うための Wire 関数があります。

● M5StackでI2Cを扱う関数

関数名	機能
Wire.begin()	I2C バスに接続する
Wire.beginTransmission(uint8_t address)	指定アドレスの I2C スレーブデバイスへの通信を開始する
Wire.write(uint8_t data)	マスターデバイスからスレーブデバイスに送信するデータをキューイングする
Wire.endTransmission()	スレーブデバイスへの通信を終了し、write() によってキューイングされたデータを実際に送信する

また、プリンが載っていないときに、「プリンじゃないよ」と話す機能を実装してみました。アナログセンサーからの読み取り値は、センサーの個体差やバッテリー

電圧の変更、電気的ノイズによって、バラツキが出ます。さらに、プリンそのものも、製造のロットによっては多少の重さのバラツキがあることでしょう。あらかじめ、バラツキを考慮して、プリンかそうでないかの閾値を設定する必要があります。プリンや、プリンではない別の何かをいろいろ載せて実験し、プリンを判別できるようにチューニングしてみましょう。

○プリンを見分ける

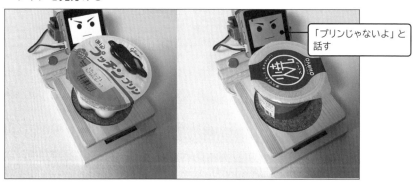

「プリンじゃないよ」と話す

1-16 I2C-AD変換ボードからアナログ値を読み取るArduinoプログラム

```
#include <M5Stack.h>
#include "AquesTalkTTS.h"
const float V_REF = 3.00;

/* GROVE-I2C ADC を初期化する */
void init_adc() {
  Wire.begin();
  Wire.beginTransmission(0x50);
  Wire.write(0x02);
  Wire.write(0x20);
  Wire.endTransmission();
}
/* GROVE-I2C ADC から圧力センサーのアナログ値を読み出す */
float read_adc() {
  unsigned int getData;
  static float analogVal = 0;
  Wire.beginTransmission(0x50);
  Wire.write(0x00);
  Wire.endTransmission();
  Wire.requestFrom(0x50, 2);
```

```
  delay(1);
  if (Wire.available() <= 2)  {
    getData = (Wire.read() & 0x0f) << 8;
    getData |= Wire.read();
  }
  delay(5);
  // アナログの読み取り値を移動平均してノイズを除去
  analogVal = 0.9 * analogVal + 0.1 * getData * V_REF * 2.0 / 4096.0;
  return analogVal;
}
void setup() {
  M5.begin();                     //M5Stack を初期化
  M5.Power.begin();               //M5Stack のバッテリ初期化
  init_adc();
}
void loop() {
  const float thresh_max = 3.5;      // プリンの閾値_最大
  const float thresh_min = 3.0;      // プリンの閾値_最小
  const float thresh_none = 1.0;     // なにも置いていないときの重さ
  float value = read_adc();

  /* プリンの重さが許容範囲内であればなにもしない */
  if ((value < thresh_max) || (value >= thresh_min)) {
    vTaskDelay(10);
  }
  /* プリンの重さが違う時は「プリンじゃないよ」としゃべる */
  else if (value > thresh_none) {
    TTS.play("purin,ja,naiyo", 100);
    vTaskDelay(1000);
  }
  /* 何も置いてない時は「プリンがとられた」としゃべる */
  else {
    TTS.play("purin,ga,torareta", 100);
    vTaskDelay(1000);
  }

  vTaskDelay(50);
}
```

あなたの LINE へ、「プリンが取られた！」という通知を投稿できるようになりました。

ここまでで、M5Stack の章を終わります。もし、プリンが盗られたときに現場の近くにいるのならば現場に急行し、なぜ、私のプリンに手を出してしまったのか？ときには叱り、ときにはプリンを分け、コミュニケーションにつなげましょう。

そして、プリンだけではなく、いろいろなものをトリガーにして、スマートフォ

ンの LINE へ通知したり、お顔をつけて話しかけたりすることで、あなたのご家庭のセキュリティを高める応用を考えてみましょう。

M5Stackのお顔の元祖「M5Stack-Avatar」

　M5Stack と「お顔」を語る上で欠かせないもの、それが「M5Stack-Avatar」です。
　M5Stack-Avatar は、@meganetaaan 氏が開発している、M5Stack で「お顔」を表示するライブラリです。筆者は M5Stack-Avatar に非常に感銘を受け、「プリン・ア・ラート」は、親しみやすいお顔で犯人の心に訴えかけるというコンセプトに発展しました。また、お顔の表現力を高めるため、「眉毛」やインタラクティブに「お顔」をぐるぐる回す機能などのカスタマイズを重ねて、M5Stack に詳しくなることができました。
　本書をここまで読まれた方であれば、M5Stack-Avatar をカスタマイズすることは造作もないことでしょう。
　あなたも、あなただけの「お顔」を作ってみませんか！？

・**M5Stack-Avatar**
https://github.com/meganetaaan/m5stack-avatar/

chapter **2**

M5Cameraを
使ってみよう

Section 01

M5Cameraとは？

M5Camera は、Espressif 社のマイコン「ESP32」と OmniVision Technologies 社のカメラセンサー「OV2640」がケースに収まった、コンパクトで便利なカメラモジュールです。ESP32 の無線通信を使ってネットワーク連携することができる上に、Grove 互換規格のインターフェイスが用意されているため、センサーや M5Stack とつなぐことができます。

日本国内では、通常レンズタイプ（画角 65 度）の M5Camera と、魚眼レンズタイプ（画角 160 度）の M5Camera-F が販売されています。

○ 2種類のM5Camera

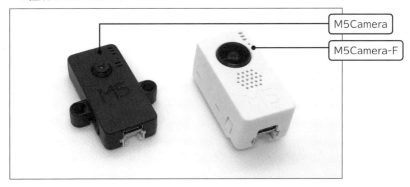

M5Camera と M5Camera-F は、M5Stack Fire と同じく、外部メモリの PSRAM を搭載しています。撮影した写真データ処理するためには大きいサイズのメモリ容量が必要になるので、4MB の PSRAM を搭載することで対応しています。

M5Camera と M5Camera-F の主なスペックは次のページにまとめました。

◦M5Cameraの種類

	M5Camera	M5Camera-F
CPU	ESP32-D0WD（240MHz DualCore）	ESP32-D0WD（240MHz DualCore）
無線通信	Wi-Fi、Bluetooth	Wi-Fi、Bluetooth
フラッシュメモリ	4MB	4MB
RAM メモリ	520KB SRAM+4MB PSRAM	520KB SRAM+4MB PSRAM
ディスプレイ	なし	なし
スピーカ	なし	なし
マイク	なし	なし
IMU	なし	なし
ボタン	なし	なし
microSD スロット	なし	なし
カメラ	OV2640 Camera	OV2640 Camera
レンズ	通常レンズ（画角 65 度）	魚眼レンズ（画角 160 度）
インターフェイス	Port(I2C/UART/GPIO) × 1	Port(I2C/UART/GPIO) × 1
最大解像度	1600 x 1200	1600 x 1200
LED	なし	なし
バッテリ	なし	なし
サイズ	48.2 x 24.2 x 22.3mm	48 × 23.5 × 23.5mm

2

M5Cameraを使ってみよう

Arduino IDEで M5Camera開発

Arduino-ESP32ライブラリのインストール

M5Camera は、M5Stack と同じく、Arduino IDE でプログラミング開発ができます。M5Camera を Arduino IDE で使うためには、M5Stack と同じく、Arduino-ESP32 ライブラリのインストールが必要です。Arduino-ESP32 ライブラリをインストールする手順は、第1章を参照してください。

Arduino-ESP32ライブラリの設定

M5Camera を Arduino IDE で使い始めるときに、「ツール」からボードの種類、フラッシュメモリの割り当て、シリアルポートを確認・設定する必要があります。

まず、ボードの種類を「ESP32 Wrover Module」に設定します。

続いて、フラッシュメモリの割り当てを、「Partition Scheme」から「Huge APP（3MB No OTA/1MB SPIFFS）」を選び、アプリケーションの割り当てが大きくなるように変更しておきます。

「OTA（Over The Air)」とは、無線ネットワークを使った通信のことを指します。OTA なら Arduino IDE でのプログラムの書き込みを、Wi-Fi ネットワーク経由で行えます。マイコンを PC につながなくてもプログラムの書き換えができるため便利ですが、これによってフラッシュメモリを使える量が減ってしまいます。M5Camera のアプリケーションはファイルのサイズが大きいことからこの機能と両立しません。M5Camera と PC を USB ケーブルでつないで使う場合は、無効化して問題ありません。

最後にシリアルポートから、M5Camera とつながっている COM ポートを選択します。

Arduino-ESP32ライブラリの設定

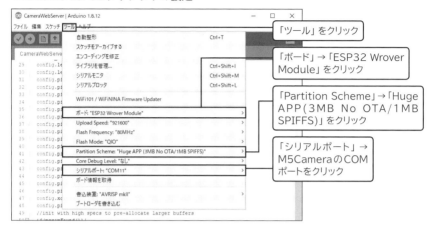

「ツール」をクリック

「ボード」→「ESP32 Wrover Module」をクリック

「Partition Scheme」→「Huge APP(3MB No OTA/1MB SPIFFS)」をクリック

「シリアルポート」→M5CameraのCOMポートをクリック

2

M5Cameraを使ってみよう

M5Cameraのスケッチ例を書き込んでみる

　まずは、M5Camera 画像を Wi-fi で配信するスケッチ例「CameraWebServer」を書き込んでみましょう。「ファイル」→「スケッチ例」から CameraWebServer のスケッチ例を開きます。

CameraWebServerのスケッチ例

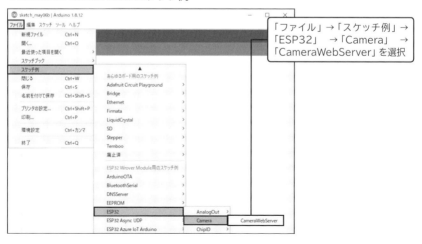

「ファイル」→「スケッチ例」→「ESP32」　→「Camera」　→「CameraWebServer」を選択

M5Camera で使う場合、スケッチ例は「CAMERA_MODEL_M5STACK_WIDE」の定義を残し、これ以外の定義は次のようにコメントアウトします。

```
//#define CAMERA_MODEL_WROVER_KIT
//#define CAMERA_MODEL_ESP_EYE
//#define CAMERA_MODEL_M5STACK_PSRAM
#define CAMERA_MODEL_M5STACK_WIDE
//#define CAMERA_MODEL_AI_THINKER
```

また、ネットワークの環境にあわせて、Wi-Fi 通信の SSID とパスワードを書き換えます。

```
const char* ssid = "your_ssid";
const char* password = "your_passwd";
```

「ツール」→「マイコンボードに書き込む」を選択して、CameraWebServer のスケッチをコンパイルして M5Camera に書き込みます。

シリアルモニタを立ち上げ、M5Camera の電源ボタンを押して再起動します。シリアルモニタに「Camera Ready!」と表示されたら、CameraWebServer が正常に起動しています。

なお、IP アドレスはネットワーク環境によって変わるため、シリアルモニタで確認しましょう。

○ シリアルモニタの起動

○ シリアルモニタの表示

「Camera Ready!」と
表示されることを確認

　ブラウザで M5Camera の IP アドレスにアクセスすると、下図のような画面が
表示されます。

　画面左側には設定項目が並び、画像の解像度や画質などの設定を変更することが
できます。そして、左下の「Get Still」ボタンを押すと静止画が撮影でき、撮影し
た画像をブラウザの右側に表示できます。「Start Stream」ボタンを押すと、動画
を撮影することができます。

○ CameraWebServer

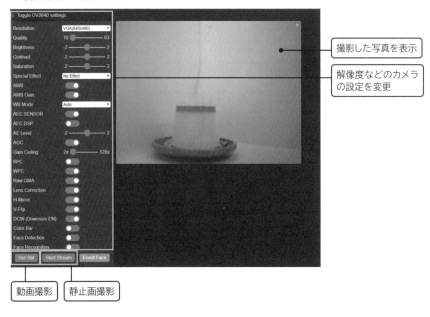

撮影した写真を表示

解像度などのカメラ
の設定を変更

動画撮影 静止画撮影

M5Cameraを使ってみよう

2

M5Cameraの
プログラミングを始めよう

準備が整ったので、Arduino IDE で M5Camera のプログラミングを始めましょう。Arduino-ESP32 ライブラリには、M5Camera のカメラを制御したり、Wi-Fi 通信経由でデータを送受信したりするための多彩な機能が用意されています。

M5Cameraで撮影する

最初に、M5Camera に搭載されているカメラセンサー「OV2640」と ESP32 とを接続するための設定を行っていきます。複数の設定が必要なので、M5Camera を動かしながら、少しずつ見ていきましょう。

○M5Cameraで撮影する

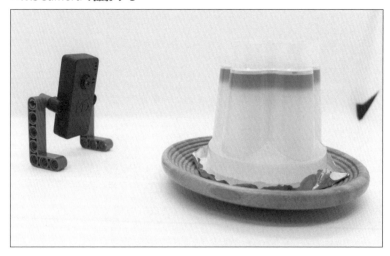

M5Camera で撮影をするだけのシンプルなスケッチを用意しました。

2-1 M5Cameraで撮影するArduinoプログラム

```
#include "esp_camera.h"

//"camera_pins.h" は、スケッチ例 ESP32>Camera>CameraWebServer から取得
#define CAMERA_MODEL_M5STACK_WIDE
#include "camera_pins.h"

void setup() {
  Serial.begin(115200);
  setup_camera();                          //Camera 設定
}
void loop() {
  uint32_t data_len = 0;
  camera_fb_t * fb = esp_camera_fb_get();    //Camera 撮影
  if (!fb) {
    Serial.println("Camera capture failed");/
    return;
  } else {
    Serial.println("Camera capture OK");
  }
  /* ここに画像を使う処理を追加する */
  esp_camera_fb_return(fb);                 // カメラのバッファメモリを解放

  vTaskDelay(1000);
}

/* Camera 設定 */
void setup_camera() {
  camera_config_t config;

  //M5Camera GPIO
  config.pin_d0 = Y2_GPIO_NUM;              /* 画素データ D0 */
  config.pin_d1 = Y3_GPIO_NUM;              /* 画素データ D1 */
  config.pin_d2 = Y4_GPIO_NUM;              /* 画素データ D2 */
  config.pin_d3 = Y5_GPIO_NUM;              /* 画素データ D3 */
  config.pin_d4 = Y6_GPIO_NUM;              /* 画素データ D4 */
  config.pin_d5 = Y7_GPIO_NUM;              /* 画素データ D5 */
  config.pin_d6 = Y8_GPIO_NUM;              /* 画素データ D6 */
  config.pin_d7 = Y9_GPIO_NUM;              /* 画素データ D7 */
  config.pin_xclk = XCLK_GPIO_NUM;          /* メインクロック XCLK */
  config.pin_pclk = PCLK_GPIO_NUM;          /* 画素読み出しクロック PCLK */
  config.pin_vsync = VSYNC_GPIO_NUM;        /* 垂直同期信号 VSYNC */
  config.pin_href = HREF_GPIO_NUM;          /* 水平同期信号 HREF */
  config.pin_sscb_sda = SIOD_GPIO_NUM;      /* SCCB SDA */
  config.pin_sscb_scl = SIOC_GPIO_NUM;      /* SCCB SCL */
  config.pin_pwdn = PWDN_GPIO_NUM;          /* パワーダウンモード信号 */
  config.pin_reset = RESET_GPIO_NUM;        /* リセット信号 */
```

2

M5Cameraを使ってみよう

```
   config.xclk_freq_hz = 20000000;          /* メインクロック XCLK 周波数 */
   config.ledc_channel = LEDC_CHANNEL_0;    /* XCLK の LEDC(PWM) チャンネルの設
定 */
   config.ledc_timer = LEDC_TIMER_0;        /* XCLK の LEDC(PWM) タイマーの設定
*/


   //M5Camera Image Format
   config.pixel_format = PIXFORMAT_JPEG;    /* 画像フォーマット */
   config.jpeg_quality = 6;                 /* JPEG 圧縮の品質   */


   config.frame_size = FRAMESIZE_VGA;       /* 画像のサイズ */
   config.fb_count = 1;                     /* フレームバッファサイズ */

   esp_err_t err = esp_camera_init(&config);   /* カメラの初期化 */
   if (err != ESP_OK) {
     Serial.printf("Camera init failed with error 0x%x", err);
     return;
   }
   sensor_t * s = esp_camera_sensor_get();   /* カメラの撮影 */

}
```

■カメラの種類を選択

　上記のプログラムの "camera_pins.h" は、「スケッチ例」→「ESP32」→「Camera」
→「CameraWebserver」に組み込まれているファイルをコピーして使います。
M5Camera を使うときは、「CAMERA_MODEL_M5STACK_WIDE」以外をコメ
ントアウトします。ここでは、M5Camera の内部の ESP32 とカメラを接続する
IO を定義しています。

```
//#define CAMERA_MODEL_WROVER_KIT
//#define CAMERA_MODEL_ESP_EYE
//#define CAMERA_MODEL_M5STACK_PSRAM
#define CAMERA_MODEL_M5STACK_WIDE
//#define CAMERA_MODEL_AI_THINKER

#include "camera_pins.h"
```

2

■カメラとのGPIOを設定

setup_camera 関数の中で、カメラのパラメータを設定していきます。

カメラの初期設定は、camera_config_t 構造体で定義した config 変数で設定します。ESP32 とセンサー OV2640 との GPIO や、解像度、JPEG 画質などの画像フォーマットを設定します。

```
config.pin_d0 = Y2_GPIO_NUM;          /* 画素データ D0 */
config.pin_d1 = Y3_GPIO_NUM;          /* 画素データ D1 */
config.pin_d2 = Y4_GPIO_NUM;          /* 画素データ D2 */
config.pin_d3 = Y5_GPIO_NUM;          /* 画素データ D3 */
config.pin_d4 = Y6_GPIO_NUM;          /* 画素データ D4 */
config.pin_d5 = Y7_GPIO_NUM;          /* 画素データ D5 */
config.pin_d6 = Y8_GPIO_NUM;          /* 画素データ D6 */
config.pin_d7 = Y9_GPIO_NUM;          /* 画素データ D7 */
config.pin_xclk = XCLK_GPIO_NUM;      /* メインクロック XCLK */
config.pin_pclk = PCLK_GPIO_NUM;      /* 画素読み出しクロック PCLK */
config.pin_vsync = VSYNC_GPIO_NUM;    /* 垂直同期信号 VSYNC */
config.pin_href = HREF_GPIO_NUM;      /* 水平同期信号 HREF */
config.pin_sscb_sda = SIOD_GPIO_NUM;  /* SCCB SDA */
config.pin_sscb_scl = SIOC_GPIO_NUM;  /* SCCB SCL */
config.pin_pwdn = PWDN_GPIO_NUM;      /* パワーダウンモード信号 */
config.pin_reset = RESET_GPIO_NUM;    /* リセット信号 */
```

config.pin_d0 ～ config.pin_d7 は、カメラの画素データの信号をやり取りする GPIO です。M5Camera は画素データを 8 ビットのパラレル信号でやり取りするため、8 本の GPIO を接続しています。

●M5CameraのGPIO

config.pin	camera_pins の変数	ESP32 のI/O	機能
pin_d0	Y2_GPIO_NUM	32	画素データ（8ビット）
pin_d1	Y3_GPIO_NUM	35	画素データ（8ビット）
pin_d2	Y4_GPIO_NUM	34	画素データ（8ビット）
pin_d3	Y5_GPIO_NUM	5	画素データ（8ビット）
pin_d4	Y6_GPIO_NUM	39	画素データ（8ビット）
pin_d5	Y7_GPIO_NUM	18	画素データ（8ビット）
pin_d6	Y8_GPIO_NUM	36	画素データ（8ビット）
pin_d7	Y9_GPIO_NUM	19	画素データ（8ビット）

config.pin	camera_pins の変数	ESP32 の I/O	機能
pin_xclk	XCLK_GPIO_NUM	27	メインクロック
pin_pclk	PCLK_GPIO_NUM	21	画素読み出しクロック
pin_vsync	VSYNC_GPIO_NUM	25	垂直同期信号
pin_href	HREF_GPIO_NUM	26	水平同期信号
pin_sscb_sda	SIOD_GPIO_NUM	22	カメラ設定を行う SCCB クロック
pin_sscb_scl	SIOC_GPIO_NUM	23	カメラ設定を行う SCCB データ
pin_pwdn	PWDN_GPIO_NUM	-1	パワーダウンモード信号
pin_reset	RESET_GPIO_NUM	15	リセット信号

　ESP32 とセンサー OV2640 で通信の同期を取るために、カメラへ入力する基準クロック信号の pin_xclk、1 画素ずつ読み出すタイミングで出力するクロック信号の pin_pclk、垂直同期信号の pin_vsync、水平同期信号の pin_href を接続します。垂直同期信号はカメラで1枚の画像を取得したタイミングで出力される信号で、水平同期信号はカメラの画像を 1 枚撮るタイミングで出力される信号です。

　pin_sscb_sda と pin_sscb_scl は、SCCB（Serial Camera Control Bus）というカメラの設定を行う制御データ信号です。I2C に準拠した通信方式で、データ信号とクロック信号の 2 本でペアとなります。

　最後に、カメラをパワーダウンさせるための pin_pwdn と、カメラをリセットさせるための pin_reset を設定します。

■カメラの撮影パラメータを設定

　config.pixel_format には、pixformat_t 型で定義する画像データの構造を設定します。多くの場合、ESP32 とカメラ間の通信速度を上げるため、画像を圧縮してサイズを小さくできる JPEG フォーマットを使います。

　config.jpeg_quality では、JPEG フォーマットでの画像の品質を設定します。0 〜 63 の間で設定します。数字が小さいほど高画質になりますが、画像サイズが大きくなります。

```
config.pixel_format = PIXFORMAT_JPEG;    /* 画像フォーマット */
config.jpeg_quality = 6;                 /* JPEG 圧縮の品質 */
```

JPEG フォーマット以外に、グレースケール画像をやり取りする PIXFORMAT_
GRAYSCALE や、RGB 24bit 画像をやり取りする RGB888 フォーマット、組み込
み機器でよく使われる、RGB 16bit 画像をやり取りする RGB565 フォーマットな
どを選択することができます。

●M5Cameraの色フォーマット

pixformat_t 型	色フォーマット
PIXFORMAT_JPEG	JPEG 圧縮画像
PIXFORMAT_GRAYSCALE	グレースケール画像（Gray 1 ビット）
PIXFORMAT_RGB888	RGB 24bit 画像（R 8 ビット／G 8 ビット／B 8 ビット）
PIXFORMAT_RGB565	RGB 16bit 画像（R 5 ビット／G 6 ビット／B 5 ビット）
PIXFORMAT_RGB555	RGB 15bit 画像（R 5 ビット／G 5 ビット／B 5 ビット）
PIXFORMAT_RGB444	RGB 12bit 画像（R 4 ビット／G 4 ビット／B 4 ビット）
PIXFORMAT_YUV422	YUV 8 ビット画像（Y 4 ビット／U 2 ビット／V 2 ビット）
PIXFORMAT_RAW	RAW 画像

config.frame_size で、画像データの解像度を framesize_t 型で設定します。

```
config.frame_size = FRAMESIZE_VGA;    /* 画像のサイズ */
```

M5Camera は、解像度は 160x120 から 1600x1200 まで選ぶことができますが、
解像度を上げるほど CPU とカメラ間の通信量が増え、CPU で画像を扱う負荷が
大きくなってしまいます。

○M5Cameraの解像度

framesize_t 型	解像度
FRAMESIZE_QQVGA	160x120
FRAMESIZE_QQVGA2	128x160
FRAMESIZE_QCIF	176x144
FRAMESIZE_HQVGA	240x176
FRAMESIZE_QVGA	320x240
FRAMESIZE_CIF	400x296
FRAMESIZE_VGA	640x480
FRAMESIZE_SVGA	800x600
FRAMESIZE_XGA	1024x768
FRAMESIZE_SXGA	1280x1024
FRAMESIZE_UXGA	1600x1200

```
config.fb_count = 1;  /* フレームバッファサイズ */
```

config.fb_count は、フレームバッファの大きさを設定します。

```
esp_err_t err = esp_camera_init(&config); /* カメラの初期化 */
```

　1 よりも大きい場合は、複数のフレームバッファを確保することができます。フレームバッファを設定しないと、画像データの読み取りと書き込みが同時に行われ、バッファ内の画像データが壊れたり、ちらついたりする原因になります。フレームバッファを大きくしすぎるとメモリの使用量が増えてしまうので、多くの場合 1 フレームを設定します。
　ここまで説明したカメラの初期設定のパラメータを、setup_camera() 関数で OV2640 カメラへ反映します。

Webサーバを起動する

M5Camera を Wi-Fi ネットワークへ接続し、Web サーバを立ち上げると、スマートフォンや PC のブラウザから M5Camera にアクセスすることができます。Web サーバを扱う機能は M5Camera だけでなく、M5Stack や第 3 章で紹介する M5StickC でも使うことができます。

Web サーバは、Arduino-ESP32 ライブラリに用意されている「WebServer」というクラスを使って立ち上げます。プログラムは次のようになります。

2-2 Webサーバを起動するArduinoプログラム

```
#include <WiFi.h>
#include <WiFiClient.h>
#include <WebServer.h>

//Wi-Fi の SSID とパスワードを指定
const char* ssid = "your_ssid";
const char* passwd = "your_passwd";

//Web サーバのクラスを定義
WebServer server(80);

void setup(void) {
  Serial.begin(115200);
  setup_wifi();                            //Wi-Fi と接続する
  server.on("/", handleRoot);              // ルートパスでの処理を指定
  server.onNotFound(handleNotFound);       // パスがない処理を指定
  server.begin();                          //Web サーバを起動
  Serial.println("HTTP server started");
}

void loop(void) {
  server.handleClient();                   //Web サーバを監視する
}

void handleRoot() {            // ルートパスでの処理を定義する関数
  server.send(200, "text/plain", "hello from M5Camera!");
}

void handleNotFound() {          //URL が見つからない場合の処理を定義する関数
  server.send(404, "text/plain", "404 Error");
}
```

```
void setup_wifi() {                              //Wi-Fi との接続処理を行う関数
  WiFi.mode(WIFI_STA);
  WiFi.begin(ssid, passwd);                      //Wi-Fi 接続を開始
  Serial.println("");

  while (WiFi.status() != WL_CONNECTED) {    // 接続まで待機
    vTaskDelay(500);
    Serial.print(".");
  }

  Serial.println("");
  Serial.print("Connected to ");
  Serial.println(ssid);
  Serial.print("IP address: ");
  Serial.println(WiFi.localIP());
}
```

■WebServerを使ってみる

プログラムの先頭で、Web サーバを扱うためのクラスが定義されている <WebServer.h> のヘッダファイルを読み込みます。

WebServer クラスを、server という変数名で、Wi-Fi 通信で受けるポートを引数で与えて宣言します。ポート番号は、一般的に Web サーバで使う場合は、80番を指定します。

```
#include <WebServer.h>
WebServer server(80);
```

Arduino の setup 関数の中で、どの URL パスが要求された場合に、どの関数を呼び出すかをマッピングする on 関数を定義します。ここでは、"/" のルートパスを指定された場合に、handleRoot 関数を実行するように定義しました。

onNotFound 関数は、Web サーバで合致する URL パスがない場合に、どの関数を実行するかを定義します。

begin 関数で、Web サーバを起動します。

2

```
server.on("/", handleRoot);              // ルートパスでの処理を指定
server.onNotFound(handleNotFound);       // パスがない処理を指定
server.begin();                          //Web サーバを起動
```

■ブラウザからのアクセスを処理する

　ブラウザからアクセスがあったときの処理を、send 関数で定義します。

　send 関数は、ヘッダ情報と本文の情報を一括して送信する機能があり、3 つの引数を指定します。

```
void handleRoot() {                 // ルートパスでの処理を定義する関数
  server.send(200, "text/plain", "hello from M5Camera!");
}

void handleNotFound() {             // パスがない処理を定義する関数
  server.send(404, "text/plain", "404 Error");
}
```

　1 つ目の引数には HTTP ステータスコードを指定します。ブラウザからのアクセスが成功した場合の処理には「200」を指定し、アクセスが失敗した場合には、エラーにあわせた HTTP ステータスコードを指定します。Web サーバで合致する URL パスがない場合には、「404」を指定します。

●HTTPステータスコード

HTTP ステータスコード	意味
200（OK）	正しく表示されている
400（Bad Request）	リクエストが不正である
401（Unauthorized）	認証が必要
403（Forbidden）	アクセス禁止
404（Not Found）	ページが見つからない
410（Gone）	リクエストが消滅

send 関数の 2 つ目の引数には、MIME タイプと呼ばれる、データの形式を指定します。テキストを指定する場合には、"text/plain" を指定します。3 つ目の引数には、出力するデータを指定し、MIME タイプがテキストの場合にはブラウザに表示する文字例を指定します。

○MIMEタイプ

ファイル形式	MIME タイプ
テキスト	text/plain
HTML 文書	text/html
JavaScript	text/xml
JPEG 画像	image/jpeg
CGI スクリプト	application/x-httpd-cgi

Arduino の loop 関数の中で、handleClient 関数を定義します。handleClient 関数は、Web サーバにアクセスが来ていないか監視し、アクセスがあれば URL パスにあわせて、対応する関数を呼び出す処理を行います。この関数を書き忘れると、Web サーバを監視できなくなり、Web サーバに接続できなくなってしまいます。

```
void loop(void) {
  server.handleClient();           //Web サーバを監視する
}
```

Webサーバに写真を載せる

　次は、M5Camera で撮影した写真の画像データを、M5Camera の中で立ち上げた Web サーバに投稿します。同じ Wi-Fi ネットワークにつながれたスマートフォンのブラウザなどから、M5Camera の写真を確認することができます。

● Webサーバに写真を載せる

　Web サーバに写真を載せる Arduino プログラムは次のようになります。

2-3 Webサーバに写真を載せるArduinoプログラム

```
#include "esp_camera.h"
#include <WiFi.h>
#include <WebServer.h>
#include <WiFiClient.h>

//Wi-Fi の SSID とパスワードを指定
const char* ssid = "your_ssid";
const char* passwd = "your_passwd";

#define CAMERA_MODEL_M5STACK_WIDE
#include "camera_pins.h"

//Web サーバのクラスを定義
WebServer server(80);

void setup() {
  Serial.begin(115200);
```

```
  Serial.println();
  setup_camera();                 // カメラを初期化する
  setup_wifi();                   //Wi-Fi と接続する

  server.on("/jpg", HTTP_GET, handle_jpg);
  server.onNotFound(handleNotFound);
  server.begin();                 //Web サーバを起動
}

void loop() {
  server.handleClient();          //HTTP サーバ処理
}

void handle_jpg(void) {           //jpg パスでの処理を定義する関数
  WiFiClient client = server.client();
  camera_fb_t * fb = esp_camera_fb_get();
  printf("should %d, print a image, len: \r\n", fb->len);
  if (!fb) {
    Serial.println("Camera capture failed");
    return;
  }
  if (!client.connected())  {
    Serial.println("fail ... \n");
    return;
  }
  String response = "HTTP/1.1 200 OK\r\n";
  response += "Content-disposition: inline; filename=m5camera.jpg\r\n";
  response += "Content-type: image/jpeg\r\n\r\n";
  server.sendContent(response);
  client.write((const char *)fb->buf, fb->len);
  esp_camera_fb_return(fb);
  vTaskDelay(100);
}

void handleNotFound() {           //URL が見つからない場合の処理を定義する関数
  server.send(404, "text/plain", "404 Error");
}

void setup_wifi() {               //Wi-Fi との接続処理を行う関数
  WiFi.mode(WIFI_STA);
  WiFi.begin(ssid, passwd);
  Serial.println("");

  while (WiFi.status() != WL_CONNECTED) {  // Wait for connection
    delay(500);
    Serial.print(".");
  }
```

```
    Serial.println("");
    Serial.print("Connected to ");
    Serial.println(ssid);
    Serial.print("IP address: ");
    Serial.println(WiFi.localIP());
    Serial.print("Picture Path : ");
    Serial.print(WiFi.localIP());
    Serial.println("/jpg");

    Serial.println("\n\n\n\n\n\n\n\n\n\n\n");
}

/* Camera 設定 */
void setup_camera() {
    camera_config_t config;

    //M5Camera GPIO
    config.pin_d0 = Y2_GPIO_NUM;          /* 画素データ D0 */
    config.pin_d1 = Y3_GPIO_NUM;          /* 画素データ D1 */
    config.pin_d2 = Y4_GPIO_NUM;          /* 画素データ D2 */
    config.pin_d3 = Y5_GPIO_NUM;          /* 画素データ D3 */
    config.pin_d4 = Y6_GPIO_NUM;          /* 画素データ D4 */
    config.pin_d5 = Y7_GPIO_NUM;          /* 画素データ D5 */
    config.pin_d6 = Y8_GPIO_NUM;          /* 画素データ D6 */
    config.pin_d7 = Y9_GPIO_NUM;          /* 画素データ D7 */
    config.pin_xclk = XCLK_GPIO_NUM;      /* メインクロック XCLK */
    config.pin_pclk = PCLK_GPIO_NUM;      /* 画素読み出しクロック PCLK */
    config.pin_vsync = VSYNC_GPIO_NUM;    /* 垂直同期信号 VSYNC */
    config.pin_href = HREF_GPIO_NUM;      /* 水平同期信号 HREF */
    config.pin_sscb_sda = SIOD_GPIO_NUM;  /* SCCB SDA */
    config.pin_sscb_scl = SIOC_GPIO_NUM;  /* SCCB SCL */
    config.pin_pwdn = PWDN_GPIO_NUM;      /* パワーダウンモード信号 */
    config.pin_reset = RESET_GPIO_NUM;    /* リセット信号 */
    config.xclk_freq_hz = 20000000;       /* メインクロック XCLK 周波数 */
    config.ledc_channel = LEDC_CHANNEL_0; /* XCLK の LEDC(PWM) チャンネルの設定 */
    config.ledc_timer = LEDC_TIMER_0;     /* XCLK の LEDC(PWM) タイマーの設定 */

    //M5Camera Image Format
    config.pixel_format = PIXFORMAT_JPEG; /* 画像フォーマット */
    config.jpeg_quality = 6;              /* JPEG 圧縮の品質 */

    config.frame_size = FRAMESIZE_VGA;    /* 画像のサイズ */
    config.fb_count = 1;                  /* フレームバッファサイズ */

    esp_err_t err = esp_camera_init(&config); /* カメラの初期化 */
    if (err != ESP_OK) {
```

```
    Serial.printf("Camera init failed with error 0x%x", err);
    return;
  }
  sensor_t * s = esp_camera_sensor_get();        /* カメラの撮影 */

}
```

　「M5Camera の IP アドレス /jpg ファイル」のパスへブラウザなどでアクセス
すると、M5Camera で撮影した写真を表示することが確認できます。

◦M5Cameraで撮影した写真を表示

■HTTPヘッダの送信

Web サーバで画像を扱うために、HTTP ヘッダーに画像の情報を埋め込みます。
「 **2-2** Web サーバを起動する Arduino プログラム」の中で、HTTP のヘッダーと本データを一括して送信する機能について触れましたが、画像を送信する場合は、HTTP のヘッダーと本データを分けて送信する必要があります。「Content-disposition」はコンテンツのファイル名を指定し、「Content-type」はコンテンツの種類を指定します。

```
String response = "HTTP/1.1 200 OK\r\n";
response += "Content-disposition: inline; filename=m5camera.jpg\r\n";
response += "Content-type: image/jpeg\r\n\r\n";
server.sendContent(response);
```

● 画像を送信する場合のHTTPヘッダ情報

Header	レスポンス	内容
HTTP/1.1	200 OK	HTTP リクエストが成功したことを表す
Content-disposition:	inline; filename=m5camera.jpg	ブラウザの中で filename のコンテンツを表示する
Content-type:	image/jpeg	コンテンツの種類に jpeg を指定する

■HTTPでの画像データ送信

M5Camera で撮影した写真を、Web サーバへ投稿します。M5Camera の中で Web サーバが起動しているところに、M5Camera 自身もクライアントとなり、Web サーバへ画像データの送信を行います。

```
WiFiClient client = server.client();
camera_fb_t * fb = esp_camera_fb_get();
client.write((const char *)fb->buf, fb->len);
```

Section 04

プリン・ア・ラートから現場の写真を投稿しよう

　プリンが盗まれたときに、警告を与えたのにそのままプリンを持ち去られてしまった！　そんな悲しい事態に備えて、プリン・ア・ラートに M5Camera を組み込み、プリンを盗んだタイミングで犯人のお顔を撮影して、LINE に写真を投稿する仕組みを作ってみました。

○ **プリン・ア・ラートとM5Camera**

M5StackとM5Cameraの接続

　M5Stack と M5Camera を、Grove 互換インターフェイスのケーブルで接続しました。M5Stack に異常があったら、このケーブル経由で M5Camera に写真を撮る指令を送ります。GPIO13 に HIGH 信号が来たら、写真を撮影して LINE に通知します。

M5StackとM5Cameraの接続

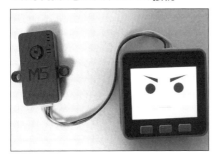
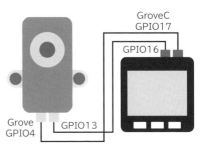

2

M5Cameraを使ってみよう

現場の写真をLINE Notifyに投稿する

M5Stack から LINE に通知を送るために、第1章と同じく「LINE Notify」を使います。LINE Notify は、M5Camera や ESP32 マイコンからも LINE のメッセージを送ることができるだけでなく、写真の受信にも対応しています。プリン・ア・ラートに M5Camera を連携すれば、異常事態が起きたときに LINE に写真を簡単に投稿できます。

M5Stack からの指令によって、M5Camera で撮影して、LINE Notify に写真を投稿するプログラムを作ってみました。

"your_token" は、LINE Notify のホームページで取得したアクセストークンに書き換えてください。

2-4 撮影した画像をLINE Notifyに送信するプログラム

```
#include "esp_camera.h"
#include <WiFi.h>
#include <ssl_client.h>
#include <WiFiClientSecure.h>

//Wi-FiのSSIDとパスワードを指定
const char* ssid = "your_ssid";
const char* passwd = "your_passwd";

#define CAMERA_MODEL_M5STACK_WIDE
#include "camera_pins.h"
```

```
int pin_gpio = 13;

void setup() {
  Serial.begin(115200);
  Serial.println();
  setup_camera();                     //Camera を設定する
  setup_wifi();                       //Wi-Fi を設定する
  vTaskDelay(1000);

  camera_capture_sendline();          //Camera で撮影し、Line へ送信
  pinMode(pin_gpio, INPUT);
}

void loop() {
  bool M5Stack_Val = digitalRead(pin_gpio);
  static bool M5Stack_Val_old = M5Stack_Val;

  if ((M5Stack_Val == true) && (M5Stack_Val_old == false)) {   //GPIO が
HIGH->Low で実行
    camera_capture_sendline();        //Camera で撮影し、Line へ送信
  }
  M5Stack_Val_old = M5Stack_Val;
  vTaskDelay(50);
}

void camera_capture_sendline() {      //Camera で撮影し、Line へ送信
  uint32_t data_len = 0;
  camera_fb_t * fb = esp_camera_fb_get();
  Serial.printf("image size%d[byte]:width%d,height%d,format%d\r\n",
                fb->len, fb->width, fb->height, fb->format);
  if (!fb) {
    Serial.println("Camera capture failed");
    return;
  }
  sendLineNotify(fb->buf, fb->len);
  esp_camera_fb_return(fb);
  vTaskDelay(5000);
}

//Line Notify へ写真送信する
void sendLineNotify(uint8_t* image_data, size_t image_sz) {
  /* LINENofify の設定 */
  const char* host = "notify-api.line.me";
  const char* token = "your_token";

  WiFiClientSecure client;
  if (!client.connect(host, 443))     return;
```

2

M5Cameraを使ってみよう

```
int httpCode = 404;
size_t image_size = image_sz;

// マルチパートでのHTTP分割送信
String boundary = "----purin_alert--";
String body = "--" + boundary + "\r\n";
String message = "プリンがとられた！！！";
 body += "Content-Disposition: form-data;name=\"message\"\r\n\r\n" +
message + " \r\n";
 if (image_data != NULL && image_sz > 0 ) {
   image_size = image_sz;
   body += "--" + boundary + "\r\n";
    body += "Content-Disposition: form-data; name=\"imageFile\";
filename=\"image.jpg\"\r\n";
   body += "Content-Type: image/jpeg\r\n\r\n";
 }
 String body_end = "--" + boundary + "--\r\n";
 size_t body_length = body.length() + image_size + body_end.length();

// マルチパートのHTTPヘッダーを送信
String header = "POST /api/notify HTTP/1.1\r\n";
header += "Host: notify-api.line.me\r\n";
header += "Authorization: Bearer " + String(token) + "\r\n";
header += "User-Agent: " + String("M5Stack") + "\r\n";
header += "Connection: close\r\n";
header += "Cache-Control: no-cache\r\n";
header += "Content-Length: " + String(body_length) + "\r\n";
 header += "Content-Type: multipart/form-data; boundary=" + boundary +
"\r\n\r\n";

 client.print(header + body);
 Serial.print(header + body);

// マルチパートの画像データの分割送信
bool Success_h = false;
uint8_t line_try = 3;
while (!Success_h && line_try-- > 0) {
   if (image_size > 0) {
     size_t BUF_SIZE = 1024;           // バッファサイズの指定
     if ( image_data != NULL) {
       uint8_t *p = image_data;        // 送信したデータのサイズ
       size_t sz = image_size;         // 送信していないデータのサイズ
       while ( p != NULL && sz) {
         if ( sz >= BUF_SIZE) {        // バッファよりも大きい場合は分割する
           client.write( p, BUF_SIZE); // バッファを送信
           p += BUF_SIZE;              // 送信したデータのサイズを更新
           sz -= BUF_SIZE;             // 送信していないデータのサイズを更新
```

```
        } else {
          client.write( p, sz);          // バッファよりも小さい場合、残りを送信
          p += sz; sz = 0;
        }
      }
    }
    client.print("\r\n" + body_end);   // データ送信終了
    Serial.print("\r\n" + body_end);

    while ( client.connected() && !client.available()) delay(10);
    if ( client.connected() && client.available() ) {
      String resp = client.readStringUntil('\n');
      httpCode   = resp.substring(resp.indexOf(" ") + 1,
                                  resp.indexOf(" ", resp.indexOf(" ")
+ 1)).toInt();
      Success_h  = (httpCode == 200);
      Serial.println(resp);
    }
    vTaskDelay(10);
  }
}
client.stop();
}
void setup_wifi() {                          //Wi-Fi との接続処理を行う関数
  WiFi.mode(WIFI_STA);
  WiFi.begin(ssid, passwd);                  //Wi-Fi 接続を開始
  Serial.println("");

  while (WiFi.status() != WL_CONNECTED) {   // 接続まで待機
    vTaskDelay(500);
    Serial.print(".");
  }

  Serial.println("");
  Serial.print("Connected to ");
  Serial.println(ssid);
  Serial.print("IP address: ");
  Serial.println(WiFi.localIP());
}

/* Camera 設定 */
void setup_camera() {
  camera_config_t config;

  //M5Camera GPIO
  config.pin_d0 = Y2_GPIO_NUM;                /* 画素データ D0 */
  config.pin_d1 = Y3_GPIO_NUM;                /* 画素データ D1 */
```

```
config.pin_d2 = Y4_GPIO_NUM;        /* 画素データ D2 */
config.pin_d3 = Y5_GPIO_NUM;        /* 画素データ D3 */
config.pin_d4 = Y6_GPIO_NUM;        /* 画素データ D4 */
config.pin_d5 = Y7_GPIO_NUM;        /* 画素データ D5 */
config.pin_d6 = Y8_GPIO_NUM;        /* 画素データ D6 */
config.pin_d7 = Y9_GPIO_NUM;        /* 画素データ D7 */
config.pin_xclk = XCLK_GPIO_NUM;    /* メインクロック XCLK */
config.pin_pclk = PCLK_GPIO_NUM;    /* 画素読み出しクロック PCLK */
config.pin_vsync = VSYNC_GPIO_NUM;  /* 垂直同期信号 VSYNC */
config.pin_href = HREF_GPIO_NUM;    /* 水平同期信号 HREF */
config.pin_sscb_sda = SIOD_GPIO_NUM; /* SCCB SDA */
config.pin_sscb_scl = SIOC_GPIO_NUM; /* SCCB SCL */
config.pin_pwdn = PWDN_GPIO_NUM;    /* パワーダウンモード信号 */
config.pin_reset = RESET_GPIO_NUM;  /* リセット信号 */
config.xclk_freq_hz = 20000000;     /* メインクロック XCLK 周波数 */
config.ledc_channel = LEDC_CHANNEL_0; /* XCLK の LEDC(PWM) チャンネルの設定
*/
config.ledc_timer = LEDC_TIMER_0;   /* XCLK の LEDC(PWM) タイマーの設定 */

//M5Camera Image Format
config.pixel_format = PIXFORMAT_JPEG;  /* 画像フォーマット */
config.jpeg_quality = 6;               /* JPEG 圧縮の品質 */

config.frame_size = FRAMESIZE_VGA;     /* 画像のサイズ */
config.fb_count = 1;                   /* フレームバッファサイズ */

esp_err_t err = esp_camera_init(&config); /* カメラの初期化 */
if (err != ESP_OK) {
    Serial.printf("Camera init failed with error 0x%x", err);
    return;
}
sensor_t * s = esp_camera_sensor_get();   /* カメラの撮影 */

}
```

■マルチパートのHTTPヘッダを送信

LINE Notify へ写真を送信するために使う sendLineNotify 関数を解説していきます。HTTP 通信をする場合、HTTP ヘッダを準備して、どのような通信を行うかを指定します。LINE Notify へ写真のように大きなデータを送る場合、「Content-Type」に「multipart/form-data」を選び、マルチパートでデータ送信するように指定します。

```
String header = "POST /api/notify HTTP/1.1\r\n";
header += "Host: notify-api.line.me\r\n";
header += "Authorization: Bearer " + String(token) + "\r\n";
header += "User-Agent: " + String("M5Stack") + "\r\n";
header += "Connection: close\r\n";
header += "Cache-Control: no-cache\r\n";
header += "Content-Length: " + String(body_length) + "\r\n";
header += "Content-Type: multipart/form-data;
```

リクエストヘッダ	送信の内容
Authorization:	Bearer LINE Notify のトークン
User-Agent:	ブラウザやプラットフォームの情報をサーバに伝える
Connection:	持続接続機能を指定する。使わない場合は close を返す
Cache-Control:	キャッシュを使うかどうか指示する
Content-Length:	コンテンツの大きさをバイト単位で示す
Content-Type	multipart/form-data

■マルチパートでのHTTP分割送信

　マルチパートでデータを送信する場合、大きなデータを分割して、boundary 文字列という複数の情報を続けて送る際の情報同士の「仕切り線」を設けます。今回は、boundary 文字列を、「----purin_alert--」と設定しました。

```
String boundary = "----purin_alert--";
if (image_data != NULL && image_sz > 0 ) {
  image_size = image_sz;
  body += "--" + boundary + "\r\n";
  body += "Content-Disposition: form-data;
  name=\"imageFile\"; filename=\"image.jpg\"\r\n";
  body += "Content-Type: image/jpeg\r\n\r\n";
}
```

　マルチパートのデータの中身を見てみると、画像データのバッファと次の画像データのバッファとの間に、boundary 文字列で挟まれている構造になっています。

○マルチパートのデータの中身

```
[boundary 文字列：----purin_alert--]\r\n
Content-Disposition: form-data; name=imageFile; filename=image.jpg";\r\n
Content-Type: image/jpeg\r\n
\r\n
[ 画像データのバッファ ]
\r\n
[boundary 文字列：----purin_alert--]\r\n
Content-Disposition: form-data; name=imageFile; filename=image.jpg";\r\n
Content-Type: image/jpeg\r\n
\r\n
[ 画像データのバッファ ]
・・・
```

■画像データの分割送信

　M5Camera で撮影した画像データを、バッファサイズで分割して、Line Notifyのサーバへ送信します。バッファサイズは、1024 バイト（1 キロバイト）としています。送信したデータのサイズと、送信していないデータのサイズを送信するたびに確認しながら、すべてのデータを送るまで分割を続けます。

```
size_t BUF_SIZE = 1024;              // バッファサイズの指定
if ( image_data != NULL) {
  uint8_t *p = image_data;           // 送信したデータのサイズ
  size_t sz = image_size;            // 送信していないデータのサイズ
  while ( p != NULL && sz) {
    if ( sz >= BUF_SIZE) {           // バッファよりも大きい場合は分割する
      client.write( p, BUF_SIZE);    // バッファを送信
      p += BUF_SIZE;                 // 送信したデータのサイズを更新
      sz -= BUF_SIZE;                // 送信していないデータのサイズを更新
    } else {
      client.write( p, sz);          // バッファよりも小さい場合、残りを送信
      p += sz; sz = 0;
    }
  }
}
client.print("\r\n" + body_end);     // データ送信終了
```

　ここまでで、M5Camera の章を終わります。

　M5Camera はいろいろな応用が効くデバイスです。例えば、毎朝、朝顔の写真を撮影する、何か異常事態が起きたときに写真を投稿する、などの便利な使い方を考えてみましょう。

chapter 3

M5StickCを
使ってみよう

Section 01

M5StickCとは？

　M5StickC は、M5Stack の半分以下のサイズの開発モジュールです。カラーディスプレイ、マイク、IMU、バッテリーが一体となりケースに収まっています。オープンソースの IoT 開発基板で、プロトタイプをすばやく作れるという特徴があります。M5Stack と同じく、ESP32-PICO-D4 が搭載されており、Wi-Fi 通信やBluetooth 通信を行うことができます。

●M5Stack GrayとM5StickC

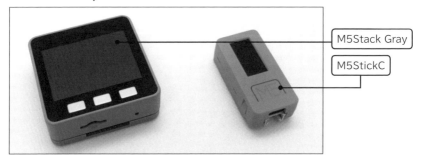

M5Stack Gray

M5StickC

　M5Stack Gray と比較した、M5StickC の主なスペックは次の通りです。

●M5Stack GrayとM5StickCの比較表

	M5Stack Gray	M5StickC
CPU	ESP32-D0WDQ6 (240MHz DualCore)	ESP32-PICO-D4 (240MHz DualCore)
無線通信	Wi-Fi、Bluetooth	Wi-Fi、Bluetooth
フラッシュメモリ	16MB	4MB
RAM メモリ	520KB SRAM	520KB SRAM
ディスプレイ	2 インチ 320x240 カラー TFT 液晶	0.96 インチ 80x160 カラー TFT 液晶

	M5Stack Gray	M5StickC
スピーカ	I2S スピーカ	なし
マイク	なし	I2S マイク
IMU	9軸 IMU MPU9250 → MPU6886 + BMM150	6軸 IMU SH200Q → MPU6886
ボタン	ボタン x3	ボタン x2
microSD スロット	1 スロット	なし
インターフェイス	PortA(I2C) × 1 Extendable GPIO PINS	Port(I2C/UART/GPIO) × 1 Extendable GPIO PINS
IR	なし	IR Transmitter x1
LED	なし	RED LEDx1
バッテリ	150mAh 3.7V	95mAh 3.7V
サイズ	54 x 54 x 12.5 mm	48.2 x 25.5 x 13.7mm

　「**HAT**」と呼ばれる拡張モジュールを M5StickC の頭にある拡張ソケットに挿す（Stick する）と、機能を追加することができます。

　温度や湿度を測れる「ENV Hat」、音が鳴らせる「Speaker Hat」、ジョイスティックで指令を出せる「JoyStick HAT」、サーボモータを回せる「8Servo Hat」をはじめとして、多彩な Hat が販売されています。Hat を自作すれば、オリジナルのコンパクトな IoT 端末を作ることができます。

○**M5StickCのHat**

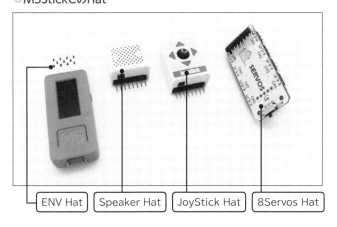

| ENV Hat | Speaker Hat | JoyStick Hat | 8Servos Hat |

3

M5StickCを使ってみよう

Section

02

Arduino IDEで
M5StickC開発

　第1章のM5Stackや第2章のM5Cameraと同様に、M5StickC開発でも
Arduino IDEとArduino-ESP32をインストールします。Arduino-ESP32がイン
ストール済みなら、M5StickCのライブラリをインストールすればM5StickCの
開発環境が整います。

　最初にArduino IDEを起動し、Arduino-ESP32の設定を行います。

◎Arduino-ESP32の設定

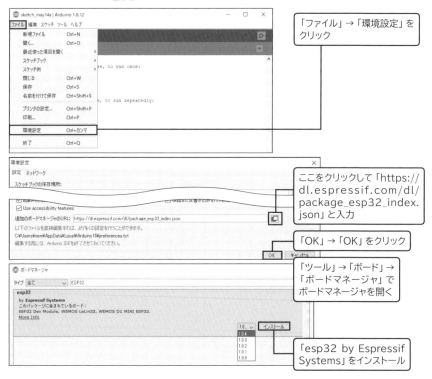

「ファイル」→「環境設定」を
クリック

ここをクリックして「https://
dl.espressif.com/dl/
package_esp32_index.
json」と入力

「OK」→「OK」をクリック

「ツール」→「ボード」→
「ボードマネージャ」で
ボードマネージャを開く

「esp32 by Espressif
Systems」をインストール

次にライブラリマネージャで M5StickC のライブラリをインストールします。

● M5StickCのライブラリをインストール

「スケッチ」→「ライブラリを
インクルード」→「ライブラリ
を管理」をクリック

「M5StickC by M5StickC」
をインストール

最後に「ツール」→「ボード」→「M5Stick-C」を選択すれば、準備完了です。

● ArduinoのM5StickC設定

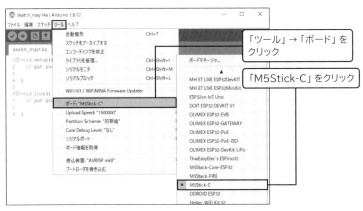

「ツール」→「ボード」を
クリック

「M5Stick-C」をクリック

なお、第 1 章の M5Stack では PC とつなぐために USB ドライバ「CP2104
Driver」をインストールしましたが、M5StickC では Windows 10 標準のドライ
バで動くように改良されているため、Windows 10 ではドライバのインストール
は不要です。

飲み物を差し出す「グラス・ポーター」を作ってみよう

グラス・ポーターとは？

　おしゃれなバーで、カッコよく「あちらのお客さまからです」と気になるあの人に飲み物を差し出したい！　でも、行きつけのバーもないし気の利いたマスターもいないよ……というあなたのために「グラス・ポーター」を作ってみました。気になるあの人の視線を釘付けにすること間違いなしでしょう。

○グラス・ポーター

グラス・ポーターは、飲みものを運ぶ小型の移動ロボット。M5StickCの小ささを生かしてコンパクトで重心が低い形状に

M5StickCでモータを回す

　ロボットの足元には車輪を付け、車輪を回すために連続回転と速度が変更可能な DC モータを付けました。DC モータとタイヤは、「ちびギアモータ + プーリー・タイヤセット」というものを使用しました。

　M5Stack から I2C モータードライバ・モジュール DRV8830 を介して、左右に取り付けた DC モータの制御を行い、前進・後退・旋回しています。DRV8830 は I2C を介してモータの速度を変更することができます。

○ グラス・ポーターの構成

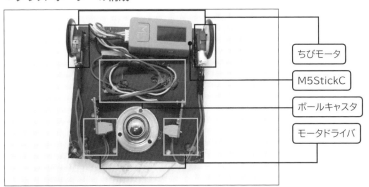

部品名	商品名・型番
M5StickC	M5StickC
モータドライバ	I2C モータードライバ・モジュール DRV8830
ボールキャスター	面打ボールキャスター・BM-15
モータ＋タイヤ	ちびギアモータ＋プーリー・タイヤセット
底板	100mmx100mm アクリル板

・ちびギアモータ + プーリー・タイヤセット
　https://tiisaishop.dip.jp/
・I2C モータードライバ・モジュール DRV8830
　https://strawberry-linux.com/catalog/items?code=12030

3

M5StickCを使ってみよう

最初に、M5StickC のボタンを押すとモータが回るスケッチを用意しました。

3-1 DRV8830でモータ回転するArduinoプログラム

```
#include <M5StickC.h>
const int motorL_adr = 0x60;
const int motorR_adr = 0x64;
long Speed;
long SpeedL, SpeedR;

/* I2C モータードライバ・モジュール DRV8830 でモータを回転する */
void motor_drive_i2c_control(int motor_adr, int speed, byte data1) {
  byte regValue = 0x80;
  regValue = abs(speed);
  if (regValue > 100) regValue = 100;    // 入力を上限 100 で制限
  regValue = regValue << data1;
  if (speed < 0) regValue |= 0x01;       // 逆方向に回転する
  else           regValue |= 0x02;       // 正方向に回転する

  Wire.beginTransmission(motor_adr);     //I2C の通信開始
  Wire.write(0x00);
  Wire.write(regValue);
  Wire.endTransmission(true);            //I2C の通信終了
}
void setup() {
  M5.begin();                            //M5StickC を初期化
  M5.Lcd.setRotation(3);                 // 画面の向きを指定
  M5.Lcd.setCursor(0, 30, 4);            // 文字の先頭位置を指定
  M5.Lcd.println("glass porter");
  Wire.begin(32, 33, 10000);             //I2C の通信開始
  SpeedL = 0;
  SpeedR = 0;
  motor_drive_i2c_control(motorL_adr, (SpeedL), 0x02); // 左側のモータを停止
  motor_drive_i2c_control(motorR_adr, (SpeedR), 0x02); // 右側のモータを停止
}

void loop() {
  M5.update();                                //M5StickC の内部状態を更新

  if (M5.BtnA.wasPressed()) {             //A ボタンを押された時、その場で船体
    SpeedL = 100;
    SpeedR = -100;
    motor_drive_i2c_control(motorL_adr, (SpeedL), 0x02);
    motor_drive_i2c_control(motorR_adr, (SpeedR), 0x02);
  }
  if (M5.BtnB.wasPressed()) {             //B ボタンを押された時、停止
```

```
    SpeedL = 0;
    SpeedR = 0;
    motor_drive_i2c_control(motorL_adr, (SpeedL), 0x02);
    motor_drive_i2c_control(motorR_adr, (SpeedR), 0x02);
  }
}
```

I2C モータードライバモジュール DRV8830 は、I2C でモータを制御できるモータドライバです。基板上のジャンパスイッチで I2C のアドレスを切り替えることで、同じモータドライバを複数つなげて使うことができます。今回は M5StickC の Grove 互換ポートからモータドライバに接続しました。

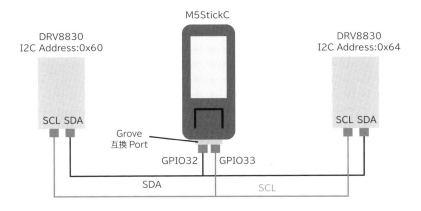

グラス・ポーターをM5StickCで遠隔操作する

　グラス・ポーターは M5StickC を台車の下に搭載しているので、M5StickC の
ボタンで ON・OFF の操作はできません。そこで、グラス・ポーターに積んでい
る M5StickC の他に、もう 1 つの M5StickC と連携して、グラス・ポーターを操
作できるようにすることを考えました。

○グラス・ポーターを遠隔操作

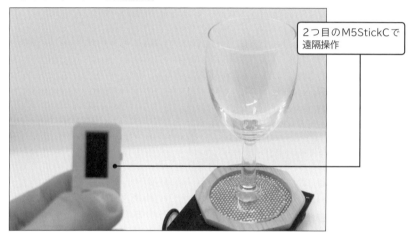

2つ目のM5StickCで
遠隔操作

ESP-NOWでM5Stick同士をつなぐ

M5StickC 同士の通信には、「**ESP-NOW**」という通信方式を使いました。ESP-NOW 通信は、Espressif 社が開発した ESP 同士をつなぐ通信技術です。Wi-Fi と比べて立ち上げ時間・通信時間がとても短いことが特徴で、ロボットを遠隔制御する用途では、通信の遅延が少なく、制御性がよい通信方式です。ESP-NOW 通信は、M5StickC や M5Stack など、ESP32 を搭載したデバイスを 2 個用意すれば使えます。他にルーターやネットワーク機器などを用意する必要はありません。

■ESP-NOWのMasterから送信

2 台の M5StickCk で ESP-NOW を使う場合、M5StickC の送信側を Master、M5StickC の受信側を Slave と呼びます。

○ESP-NOWでM5Stick同士の通信

ESP-Now Network

ESP-Now
Master（送信）

ESP-Now
Slave（受信）

ESP-NOW の Master 側は次の通信フローに従って通信を行います。

- Step1：Wi-Fi を STA モードで起動
- Step2：Master 上の ESP-NOW を初期化
- Step3：Slave の ESP32 を探す
- Step4：Slave の ESP32 が発見されたら、peer として Slave を追加
- Step5：Master から Slave へのデータ送信を開始

```
#include <esp_now.h>
#include <WiFi.h>
#include <M5StickC.h>
void InitESPNow();               //ESP-NOW で Master 上の ESP-Now を初期化する関数
void ScanForSlave();             //ESP-NOW で Slave の ESP32 を探す関数
bool manageSlave();              //ESP-NOW で Slave の ESP32 を追加する関数
void deletePeer();               //ESP-NOW で peer を削除する関数

/* モータの速度を格納する変数 */
int servo_l = 0;
int servo_r = 0;

/* ESP-Now の変数 */
#define CHANNEL 1
#define PRINTSCANRESULTS 0
#define DELETEBEFOREPAIR 0
esp_now_peer_info_t slave;

void sendData() {                          //Master から Slave へデータ送信を開始する
  uint8_t data[2];
  data[0] = servo_l;  data[1] = servo_r;
  const uint8_t *peer_addr = slave.peer_addr;
  esp_err_t result = esp_now_send(peer_addr, data, 2);   //ESPNOWで送信

  M5.Lcd.setCursor(0, 60, 4);
  Serial.print("send status: ");
  if (result == ESP_OK){
    M5.Lcd.println("success");M5.Lcd.println("success");
    }
  else  {  M5.Lcd.println("error");M5.Lcd.println("error");}
}
void setup() {
  M5.begin();                        //M5StickC を初期化
  M5.Lcd.setRotation(3);             // 画面の向きを指定
  M5.Lcd.setCursor(0, 30, 4);        // 文字の先頭位置を指定
  M5.Lcd.println("Master");
  WiFi.mode(WIFI_STA);               //Wi-Fi をステーションモードで起動
  InitESPNow();                      //ESP-Now を初期化する
}
void loop() {
  M5.update();                       //M5StickC の内部状態を更新
  /* M5 のボタンで動作を切り替える */
  if (M5.BtnA.isPressed()) {
    servo_l = 100; servo_r = 100;    // 前進のモータ速度を指定
  }
  else if (M5.BtnB.isPressed()) {
```

```
    servo_l = 100; servo_r = -100;      // その場旋回のモータ速度を指定
  }
  else  {
    servo_l = 0; servo_r = 0;           // 停止のモータ速度を指定
  }
  M5.Lcd.setCursor(0, 30, 4);
  M5.Lcd.printf("%03d,%03d\n", servo_l, servo_r);
  Serial.printf("%03d,%03d\n", servo_l, servo_r);

  if (slave.channel == CHANNEL) {       //SLAVE が見つかっている場合の処理
    bool isPaired = manageSlave();      //Slave の ESP32 を追加する関数
    if (isPaired) {
      sendData();                       //ESPNOW でデータ送信する
    } else {
      M5.Lcd.setCursor(0, 60, 4);
      M5.Lcd.println("Slave pair failed!");
      Serial.println("Slave pair failed!");
    }
  }
  else {                                //SLAVE が見つかっていない場合の処理
    ScanForSlave();                     //Slave の ESP32 を探す
  }
  vTaskDelay(20);
}



/* ESP-NOW で Master 上の ESP-Now を初期化する関数 */
void InitESPNow() {
  WiFi.disconnect();
  if (esp_now_init() == ESP_OK) {       //ESPNOW を初期化実施
    Serial.println("ESPNow Init Success");
  }
  else {                                // 初期化に失敗した場合
    Serial.println("ESPNow Init Failed");
    ESP.restart();                      //ESP を再起動
  }
}

/* ESP-NOW で Slave の ESP32 を探す関数 */
void ScanForSlave() {
  int8_t scanResults = WiFi.scanNetworks();     // Wi-Fi を探索
  bool slaveFound = 0;
  memset(&slave, 0, sizeof(slave));

  Serial.println("");
  if (scanResults == 0) {
```

```
      Serial.println("No WiFi devices in AP Mode found");
  } else {
      Serial.print("Found "); Serial.print(scanResults); Serial.println("
devices ");
    for (int i = 0; i < scanResults; ++i) {
      // 検出された各デバイスの SSID と RSSI を出力
      String SSID = WiFi.SSID(i);
      int32_t RSSI = WiFi.RSSI(i);
      String BSSIDstr = WiFi.BSSIDstr(i);

      if (PRINTSCANRESULTS) {
        Serial.print(i + 1);          Serial.print(": ");
        Serial.print(SSID);           Serial.print(" (");
        Serial.print(RSSI);           Serial.print(")");
        Serial.println("");
      }
      delay(10);
      // 現在のデバイスが「your_ssid」で始まるかどうかを確認する

      if (SSID.indexOf("your_ssid") == 0) {
        // 対象の SSID
        Serial.println("Found a Slave.");
        Serial.print(i + 1);      Serial.print(": ");
        Serial.print(SSID);       Serial.print(" [");
        Serial.print(BSSIDstr); Serial.print("]");
        Serial.print(" (");       Serial.print(RSSI);
        Serial.print(")");        Serial.println("");
        //BSSID から、スレーブの Mac アドレスを取得
        int mac[6];
        if ( 6 == sscanf(BSSIDstr.c_str(), "%x:%x:%x:%x:%x:%x%c",
            &mac[0], &mac[1], &mac[2], &mac[3], &mac[4], &mac[5] ) ) {
          for (int ii = 0; ii < 6; ++ii ) {
            slave.peer_addr[ii] = (uint8_t) mac[ii];
          }
        }

        slave.channel = CHANNEL;   // チャンネルを選ぶ
        slave.encrypt = 0;          // 暗号化なし
        slaveFound = 1;             // この例ではスレーブを 1 つだけに指定
        break;
      }
    }
  }

  if (slaveFound) {
    Serial.println("Slave Found, processing..");
  } else {
```

```
      Serial.println("Slave Not Found, trying again.");
  }
  WiFi.scanDelete();        // ram をクリーンアップ
}

/* ESP-NOW で peer を削除する関数 */
void deletePeer() {
  const esp_now_peer_info_t *peer = &slave;
  const uint8_t *peer_addr = slave.peer_addr;

  //peer を削除しステータスを取得
  esp_err_t delStatus = esp_now_del_peer(peer_addr);
  Serial.print("Slave Delete Status: ");
  if (delStatus == ESP_OK) {
    Serial.println("Success");        // 削除を成功
  } else if (delStatus == ESP_ERR_ESPNOW_NOT_INIT) {
    Serial.println("ESPNOW Not Init");
  } else if (delStatus == ESP_ERR_ESPNOW_ARG) {
    Serial.println("Invalid Argument");
  } else if (delStatus == ESP_ERR_ESPNOW_NOT_FOUND) {
    Serial.println("Peer not found.");
  } else {
    Serial.println("Not sure what happened");
  }
}

/* ESP-NOW で Slave の ESP32 を追加する関数 */
bool manageSlave() {
  // スレーブがマスターとすでにペアリングされているかどうかを確認する
  // そうでない場合は、スレーブをマスターとペアにする

  if (slave.channel == CHANNEL) {
    if (DELETEBEFOREPAIR) {
      deletePeer();
    }
    Serial.print("Slave Status: ");
    const esp_now_peer_info_t *peer = &slave;
    const uint8_t *peer_addr = slave.peer_addr;
    // ピアが存在するかどうかを確認する
    bool exists = esp_now_is_peer_exist(peer_addr);
    if ( exists) {      // スレーブはすでにペアリングされている場合
      Serial.println("Already Paired");
      return true;
    } else {
      // ペアリングを追加してステータスを取得する
      esp_err_t addStatus = esp_now_add_peer(peer);
      if (addStatus == ESP_OK) {
```

```
      //
      Serial.println("Pair success");
      return true;
    } else if (addStatus == ESP_ERR_ESPNOW_NOT_INIT) {
      Serial.println("ESPNOW Not Init");
      return false;
    } else if (addStatus == ESP_ERR_ESPNOW_ARG) {
      Serial.println("Invalid Argument");
      return false;
    } else if (addStatus == ESP_ERR_ESPNOW_FULL) {
      Serial.println("Peer list full");
      return false;
    } else if (addStatus == ESP_ERR_ESPNOW_NO_MEM) {
      Serial.println("Out of memory");
      return false;
    } else if (addStatus == ESP_ERR_ESPNOW_EXIST) {
      Serial.println("Peer Exists");
      return true;
    } else {
      Serial.println("Not sure what happened");
      return false;
    }
  }
} else {          // 処理するスレーブが見つからない場合
  Serial.println("No Slave found to process");
  return false;
}
}
```

■ESP-NOWのSlaveで受信

　グラス・ポーターに、ESP-NOW からの指示を受信して、Master の M5StickC の A ボタンを押すと前進し、B ボタンを押すとその場で旋回するプログラムを作成してみました。2 台の M5StickC にプログラムを書き込んでみましょう。ESP-NOW の Slave 側は次の通信フローに従って通信を行います。

- Step1：Wi-Fi を WIFI_AP モードで起動
- Step2：WIFI_AP モードで、Slave の SSID とパスワードを設定
- Step3：Slave の ESP-NOW を初期化
- Step4：受信コールバックに登録してデータを待つ
- Step5：Master からのデータを受信

3-3 ESP-NOWのSlaveのArduinoプログラム

```
#include <esp_now.h>
#include <WiFi.h>
#include <M5StickC.h>
void InitESPNow();                //ESP-NOW で Master 上の ESP-Now を初期化する関数
/* モータの速度を格納する変数 */
int servo_l = 0;
int servo_r = 0;
/* I2C のモータのアドレス */
const int motorL_adr = 0x60;
const int motorR_adr = 0x64;

/* ESP-Now の変数 */
#define CHANNEL 1
#define PRINTSCANRESULTS 0
#define DELETEBEFOREPAIR 0
esp_now_peer_info_t slave;

//Motor Driver Processing
void motor_drive_i2c_control(int motor_adr, int speed, byte data1) {
  byte regValue = 0x80;
  regValue = abs(speed);
  if (regValue > 100) regValue = 100;
  regValue = regValue << data1;
  if (speed < 0) regValue |= 0x01;    //reverse rotation
  else          regValue |= 0x02;    //Normal rotation

  Wire.beginTransmission(motor_adr);
  Wire.write(0x00);
  Wire.write(regValue);
  Wire.endTransmission(true);
}


void setup() {
  M5.begin();                       //M5StickC を初期化
  M5.Lcd.setRotation(3);            // 画面の向きを指定
  M5.Lcd.setTextFont(1);            // 文字の大きさを指定
  M5.Lcd.setCursor(0, 0, 4);        // 文字の先頭位置を指定
  M5.Lcd.println("Slave");
  WiFi.mode(WIFI_AP);        //Step1
  configDeviceAP();          //Step2
  Serial.print("AP MAC:");
  Serial.println(WiFi.softAPmacAddress());
  InitESPNow();             //Step3
  esp_now_register_recv_cb(OnDataRecv);   //Step4
  Wire.begin(32, 33, 10000);      //I2C Setting
```

```
    motor_drive_i2c_control(motorL_adr, (servo_l), 0x02);
    motor_drive_i2c_control(motorR_adr, (servo_r), 0x02);
}

//Step5
void OnDataRecv(const uint8_t *mac_addr, const uint8_t *data, int data_
len) {
  //  Servo_write_us(servo_l, data[0]); //停止する
  //  Servo_write_us(servo_r, data[1]); //停止する
  if (data_len > 0) {
    M5.Lcd.setCursor(0, 30, 4);
    servo_l = data[0];
    servo_r = data[1];
    if (servo_l > 128)servo_l = servo_l - 256;
    if (servo_r > 128)servo_r = servo_r - 256;

    M5.Lcd.printf("%03d,%03d\n", servo_l, servo_r );
    Serial.printf("%03d,%03d\n", servo_l, servo_r);

    motor_drive_i2c_control(motorL_adr, (servo_l), 0x02);
    motor_drive_i2c_control(motorR_adr, (servo_r), 0x02);
  }
  vTaskDelay(1);
}
void loop() {
  M5.update();
  vTaskDelay(20);
}

/**/
void configDeviceAP() {
  char* SSID = "your_ssid_1";
  bool result = WiFi.softAP(SSID, "your_password", CHANNEL, 0);
  M5.Lcd.setCursor(0, 60, 4);
  if (!result) {
    M5.Lcd.println("AP Config failed.");
    Serial.println("AP Config failed.");

  } else {
    M5.Lcd.println("AP: " + String(SSID));
    Serial.println("AP: " + String(SSID));
  }
}

/* ESP-NOW で Master 上の ESP-Now を初期化する関数 */
void InitESPNow() {
  WiFi.disconnect();
```

```
  if (esp_now_init() == ESP_OK) {    //ESPNOW を初期化実施
    Serial.println("ESPNow Init Success");
  }
  else {                             // 初期化に失敗した場合
    Serial.println("ESPNow Init Failed");
    ESP.restart();                   //ESP を再起動
  }
}
```

3

M5StickCを使ってみよう

Section

04

UIFlowで
M5StickC開発

UIFlowの環境を準備する

M5StickC のプログラミングでは Arduino IDE 以外に、M5Stack 社が開発した
「**UIFlow**」という環境が用意されています。ここからは UIFlow を使ったプログ
ラミング開発も紹介していきます。

UIFlow は、Google が提供するビジュアルプログラミング言語「Blockly」と
MicroPython が組み合わさったプログラミング環境で、視覚的にわかりやすくプ
ログラムを組むことができます。

○ **UIFlow**

■ **M5Burnerのダウンロード**

ブラウザで以下の URL（M5Stack のホームページ）へアクセスし、「M5
Burner」の ZIP ファイルをダウンロードします。

https://m5stack.com/pages/download

●M5Stackのダウンロードページ

「M5 Burner」の「Download」→「Win10 x64」をクリック

■M5Burnerでファームウェア更新

M5Burner の左側のメニューから「UIFlow」を選び、ダウンロードします。執筆時点で、M5StickC に対応している UIFlow の最新バージョンは、v1.4.5.1 です。

●M5BurnerでUIFlowのファームウェアをダウンロード

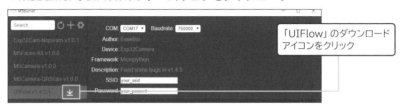

「UIFlow」のダウンロードアイコンをクリック

USB ケーブルで PC と M5StickC を接続し、M5 Burner の書き込みを設定します。「COM」は、M5StickC とつながっているポートを選択し、「Series」は、「StickC」を選択します。もし、M5StickC ではなく M5Stack で UIFlow を使う場合は、ここで「Stack-EN」を選びます。SSID と Password には、Wi-Fi ルーターの SSID とパスワードを入力します。

●M5BurnerでUIFlow書き込み

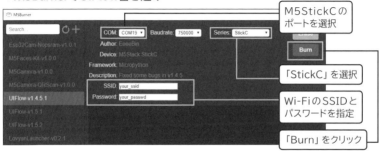

M5StickCのポートを選択

「StickC」を選択

Wi-FiのSSIDとパスワードを指定

「Burn」をクリック

3

M5StickCを使ってみよう

■M5StickCのAPI Keyを確認する

　M5StickC を起動すると、SSID のアクセスポイントへ接続し、M5StickC のディスプレイに「APIKEY」という 8 桁の英数字が表示されます。API Key は、この M5StickC を認識するシリアルナンバーです。

○ API Keyを確認する

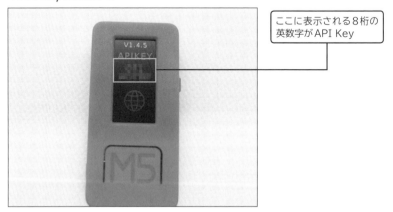

ここに表示される8桁の
英数字がAPI Key

UIFlowとM5StickCを接続する

　UIFlow は、ブラウザで動作するプログラミング環境です。

　以下の URL（UIFlow のページ）にアクセスし、メニューから Setting を選択して、M5StickC のディスプレイに表示された API Key を入力します。

　http://flow.m5stack.com/

○ UIFlowへAPI Keyを入力

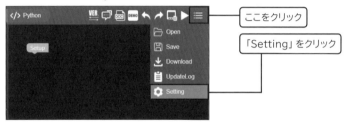

ここをクリック

「Setting」をクリック

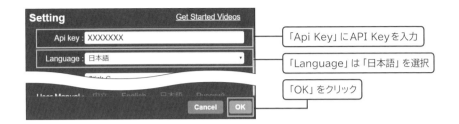

「Api Key」にAPI Keyを入力

「Language」は「日本語」を選択

「OK」をクリック

画面の左下に「connected」と表示されれば、準備完了です。

UIFlowとの接続確認

UIFlowでブロック・プログラミングを始める

UIFlow では、ブロックとブロックとを結合することで、M5StickC のプログラムを作っていくことができます。

通常のプログラミングは、Arduino IDE のように、エディタを使い文字でプログラムを入力して作成するため、プログラムを思った通りに作れるようになるには、ある程度の習熟が必要になります。

いっぽう UI FLow では、M5StickC のボタンやディスプレイのブロックがすでに用意されているため、ブロックを選ぶだけで、初心者でも簡単にプログラムを実装することができます。

UIFlowの画面

プログラムを実行する

ブロックを組み合わせてプログラムを作る

3

M5StickCを使ってみよう

ここでは M5StickC のディスプレイに文字を表示するプログラムを Blockly で作成しました。ディスプレイの向きを変えるブロック、フォントを選択するブロック、テキストを表示するブロックを組み合わせます。右上の実行ボタンを押すと、M5StickC のディスプレイに文字を表示することができます。

○ディスプレイに文字を表示する

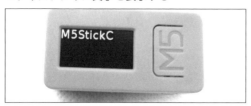

　Blockly で作ったブロックプログラムは、内部では MicroPython のソースコードへ変換されて、プログラムが実行されます。UIFlow の画面で、MicroPython のタブへ切り替えると、MicroPython のソースコードが表示されます。MicroPython のプログラムを書き直して実行することもできます。

3-4 ディスプレイ文字表示のMicroPython

```
from m5stack import *
from m5ui import *
from uiflow import *

lcd.setRotation(1)
setScreenColor(0x111111)
lcd.font(lcd.FONT_DejaVu24)
lcd.print('M5StickC', 0, 0, 0xffffff)
```

Section 05 お寿司を運ぶロボを作ってみよう

回転寿司に行きたいのに、なかなか行けない、おうちでも回転寿司を楽しみたい。そんなご家庭のお困りの声に遭遇したことはありませんか？ 回転寿司を楽しみたいご家庭に向けて、おうちの食卓にお寿司を運ぶロボを作ってみました。

○ **お寿司を運ぶロボ**

全方向移動ロボットRoverCとは？

お寿司を運ぶロボは、台車にM5Stackの「RoverC」を使いました。RoverCは、M5StickCのHat（拡張モジュール）として販売されている、全方向移動ロボットです。

4つのウォームギアモータとメカナムホイールを搭載しており、前後左右斜め、その場で旋回と、自由自在に動くことができます。ベースの背面に16340バッテリーが取り付けられており、M5StickCを介して充電することができ、走行時はモータとM5StickCに電力を供給します。

◎ 全方向移動ロボットRoverC

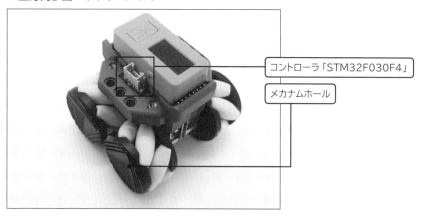

コントローラ「STM32F030F4」

メカナムホール

UIFlowでRoverCを動かす

UIFlow で Hat の追加を選ぶと、Unit の中に RoverC を選ぶことができます。

◎ UIFlowにRoverCを追加

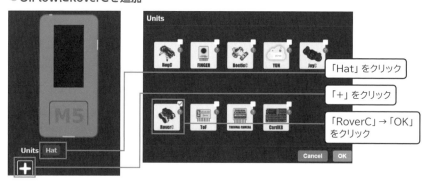

「Hat」をクリック

「+」をクリック

「RoverC」→「OK」
をクリック

RoverC を追加すると、プログラミング・ブロックの中に RoverC が追加されます。

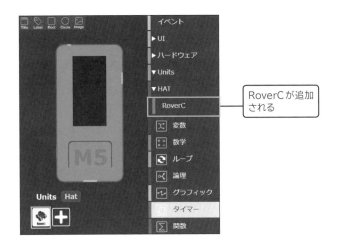

　RoverC を走行するプログラミング・ブロックでは、RoverC の速度を、X、Y、Z の 3 つのパラメータで指定することができます。

○ **RoverCの移動の向き**

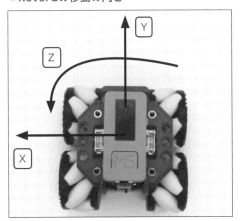

　X と Y は平行移動する方向、Z は回転する方向を表しており、− 100 〜 100 の範囲で指定します。全方向移動ロボットは制御が難しいものが多いのですが、RoverC はモータを制御するマイコンとして「STM32F030F4」が搭載されているため、M5StickC から RoverC のマイコンへ速度指令のデータを送ることで、マイコンがモータを制御してくれる仕組みになっています。

Roverのプログラミング・ブロックで、旋回の速度が徐々に速くなるように、プログラミングをしてみました。

お寿司を運ぶロボットのBlockly

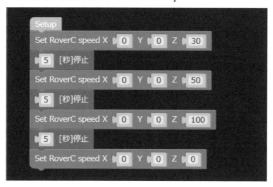

3-5 お寿司を運ぶロボットのMicroPython

```
from m5stack import *
from m5ui import *
from uiflow import *
import hat

setScreenColor(0x111111)

hat_roverc2 = hat.get(hat.ROVERC)
hat_roverc2.SetSpeed(0, 0, 30)
wait(5)
hat_roverc2.SetSpeed(0, 0, 50)
wait(5)
hat_roverc2.SetSpeed(0, 0, 100)
wait(5)
hat_roverc2.SetSpeed(0, 0, 0)
```

RoverCでお寿司を運ぶ

　セルフ回転寿司ロボには、RoverC の上にアクリルプレートを六角支柱で支えるように取り付けました。一般的な回転寿司は、お寿司を乗せた電車がレールの上を

走行しますが、このロボットは RoverC の強みを生かし、自由自在で面白い動き方にすることができます。

○ セルフ回転寿司ロボ

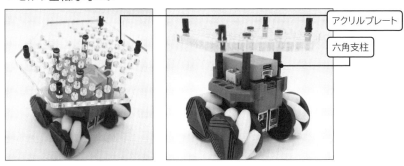

ここまでで、M5StickC の章を終わります。M5StickC は小さいボディにも関わらず、M5Stack とほとんど同じ機能が内蔵されている魅力的なデバイスです。M5StickC の HAT には、RoverC の他にも、多彩なロボットや便利なモジュールが発売されています。M5StickC と HAT のコンパクトなボディを生かして、新しいロボットや IoT デバイスの開発に取り組んでみましょう。

M5Stackの最新／最小モジュール M5ATOM

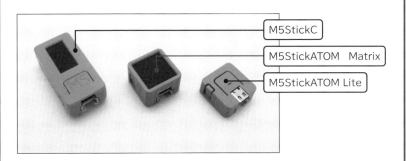

　M5ATOM は、2020 年に新しく発売された M5Stack シリーズの最新モジュールで、サイズはわずか 24 x 24 mm の最小モジュールです。
　M5StickC とは異なり、ディスプレイは搭載されていませんが、M5StickC よりも多くの GPIO ピンを持ち、小型の組み込みデバイスを開発する用途に適して

3

M5StickCを使ってみよう

います。

M5StickC と同じく、Wi-Fi 通信と Bluetooth 通信を扱うことができます。4MB の内蔵フラッシュメモリを持ち、ESP32-PICO-D4 チップを搭載しています。

	M5StickC	M5ATOM Lite	M5ATOM Matrix
CPU	ESP32-PICO-D4 (240MHz DualCore)	ESP32-PICO-D4 (240MHz DualCore)	ESP32-PICO-D4 (240MHz DualCore)
無線通信	Wi-Fi、Bluetooth	Wi-Fi、Bluetooth	Wi-Fi、Bluetooth
フラッシュメモリ	4MB	4MB	4MB
RAM メモリ	520KB SRAM	520KB SRAM	520KB SRAM
ディスプレイ	0.96 インチ 80x160 カラー TFT 液晶	なし	5x5 RGB LED matrix panel
スピーカ	なし	なし	なし
マイク	I2S マイク	なし	なし
IMU	6 軸 IMU SH200Q → MPU6886	なし	MPU6886
ボタン	ボタン x2	ボタン x1	ボタン x1
インターフェイス	Port(I2C/UART/GPIO) × 1 Extendable GPIO PINS	Port(I2C/UART/GPIO) × 1 Extendable GPIO PINS	Port(I2C/UART/GPIO) × 1 Extendable GPIO PINS
IR	IR Transmitter x1	IR Transmitter x1	IR Transmitter x1
LED	RED LEDx1	RGB LED × 1	ディスプレイ参照
バッテリ	95mAh 3.7V	なし	なし
サイズ	48.2 x 25.5 x 13.7mm	24 x 24 x 10 mm	24 x 24 x 14 mm

chapter 4

M5StickVを
使ってみよう

Section 01

M5StickVとは？

M5StickV は、**Kendryte K210** という CPU を搭載した、カメラ、スピーカ、液晶、IMU、microSD カードスロット、リチウム電池がコンパクトなケースの中に収まった AI カメラモジュールです。

M5StickV から液晶やバッテリー・IMU が非搭載になり、より一層コンパクトになった UnitV も発売されています。

○**M5CameraとM5StickV ／ UnitV**

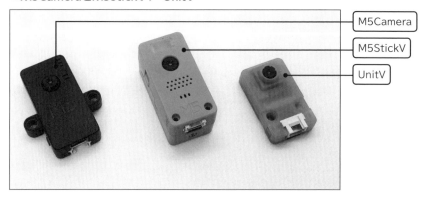

M5StickV は高性能なニューラルネットワークプロセッサ（KPU）とデュアルコア 64 bit RISC-V CPU を使用しているため、低コストで効率よく画像処理を行うことができます。

M5Camera と異なり、M5StickV には Wi-Fi 通信や Bluetooth 通信といったネットワーク通信を行う機能がありません。その代わりに、ESP32 よりもパワフルなCPU である Kendryte K210 が搭載されています。また、Kendryte K210 はニューラルネットワークのアクセラレータが搭載されていて、畳み込みネットワークなどのディープラーニングの処理を高速に行うことができます。

ネットワーク上に写真を投稿するような使い方をする場合には M5Camera、画

像からロボットを制御するような使い方をする場合には M5StickV のように、用途に応じて使い分けるとよいでしょう。主なスペックは次の表にまとめました。

M5CameraとM5StickV／UnitVの比較

	M5Camera	M5StickV	UnitV
CPU	ESP32-D0WD（240MHz DualCore）	Kendryte K210（400MHz Dual core）	Kendryte K210（400MHz Dual core）
無線通信	Wi-Fi、Bluetooth	なし	なし
フラッシュメモリ	4MB	16MB	16MB
RAM メモリ	520KB SRAM+4MB PSRAM	8MBit SRAM	8MBit SRAM
ディスプレイ	なし	1.14 インチ 135 x240 カラー TFT 液晶	なし
スピーカ	なし	I2S スピーカ	なし
マイク	なし	なし	なし
IMU	なし	6 軸 IMU SH200Q または MPU6886	なし
ボタン	なし	ボタン x2	ボタン x2
microSD スロット	なし	1 スロット	1 スロット
Camera	OV2640 Camera	OV7740 Camera	OV2640 Camera
レンズ	通常レンズ（画角 65 度）	通常レンズ（画角 65 度）	通常レンズ（画角 65 度）
インターフェイス	Port(I2C/UART/GPIO) × 1	Port(I2C/UART/GPIO) × 1	Port(I2C/UART/GPIO) × 1
最大解像度	1600 x 1200	640 x 480	640 x 480
LED	なし	RGBW LED × 1	RGB LED × 1
バッテリ	なし	200mAh 3.7V	なし
サイズ	48.2 x 24.2 x 22.3mm	144 x 44 x 43mm	40 x 24 x 13mm

MaixPyで
M5StickV開発

M5StickV は、Sipeed 社が提供する Kendryte K210 用の MicroPython 環境「**MaixPy**」でプログラミングを行います。

中国深センのスタートアップ企業である Sipeed 社は、Kendryte K210 を内蔵した AI モジュール「MAix M1」をリリースしており、MAix の設計情報をもとに M5StickV を開発しました。Sipeed 社は MaixPy の開発に力を入れており、日々、積極的に機能拡張や不具合の解消が図られています。M5StickV は、MaixPy を扱えるデバイスとして正式にサポートされています。

○MaixPy

```
シリアルターミナル
[MAIXPY]Pll0:freq:832000000
[MAIXPY]Plll:freq:398666666
[MAIXPY]Pll2:freq:45066666
[MAIXPY]cpu:freq:416000000
[MAIXPY]kpu:freq:398666666
[MAIXPY]Flash:0xc8:0x17
open second core...
gc heap=0x8028af30-0x8031d6f0(600000)
[MaixPy] init end



         M  A  I  X  P  Y


M5StickV by M5Stack : https://m5stack.com/
M5StickV Wiki       : https://docs.m5stack.com
Co-op by Sipeed     : https://www.sipeed.com
```

ファームウェア書き込みツール「kflash GUI」

M5StickV で MaixPy を使う前に、MaixPy のファームウェアを入手して、M5StickV に書き込む必要があります。

ファームウェア書き込みツール「kflash GUI」は、カスタマイズしたファームウェアや学習ファイルを書き込んだり、書き込むための設定を変更したりすることができます。

■MaixPyのダウンロード

MaixPy のファームウェアは、以下の URL（Sipeed 社のダウンロードページ）から、最新版をダウンロードすることができます。

https://dl.sipeed.com/MAIX/MaixPy/release/master

Sipeed 社のサーバで、GitHub 上で日々更新されるソースコードを自動的にビルドし、ダウンロードページに掲載されるようになっています。

「MaixPy」→「MAIX」→「MaixPy」→「release」→「master」と進み、最新バージョンのディレクトリの下にあるファームウェアをダウンロードします。本書執筆時点では「maixpy_v0.5.0_63_g2d307ae_m5stickv.bin」が最新バージョンでした。

4

M5StickVを使ってみよう

●MaixPyのダウンロード

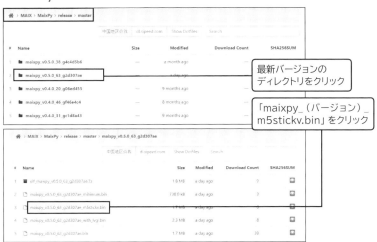

■kflash GUIのダウンロード

kflash GUI は、以下の URL（Sipeed 社の Github ページ）からダウンロードします。

https://github.com/sipeed/kflash_gui/

kflash GUI の Github の中のメニューから「releases」に移動します。本書執筆時点では、Windows 版の最新バージョンは「kflash_gui_v1.5.5_2.7z」でした。

◦ kflash GUIのダウンロード

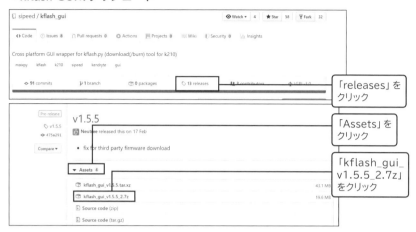

「releases」を
クリック

「Assets」を
クリック

「kflash_gui_
v1.5.5_2.7z」
をクリック

■kflash GUIでMaixPyを書き込む

　ダウンロードした kflash GUI の ZIP ファイルを解凍して、「kflash_gui.exe」を実行します。M5StickV と PC とを USB で接続し、ボードを設定した上で「Download」を押すと書き込むことができます。「Download success」と表示されたら完了です。

◦ kflash GUIでMaixPyを書き込む

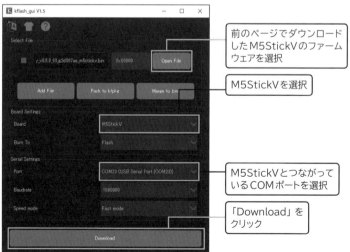

前のページでダウンロードした M5StickV のファームウェアを選択

M5StickVを選択

M5StickVとつながっているCOMポートを選択

「Download」を
クリック

MaixPy IDEでプログラミングを始めよう

「MaixPy IDE」は、Sipeed 社が提供する MicroPython の開発環境です。Sipeed 社は、M5StickV の開発環境として MaixPy をサポートしています。MicroPython は、性能とメモリの制約が厳しい環境での動作に最適化された Python です。なお、ここまでの解説で紹介した M5Stack や M5StickC でも、UIFlow から MicroPython を使うことができます。

■MaixPy IDEのダウンロード

MaixPy IDE は、以下の URL（Sipeed 社のダウンロードページ）からダウンロードします。

https://dl.sipeed.com/MAIX/MaixPy/ide/

「MaixPy IDE v0.2.4」や「v0.2.5」といった新しいバージョンを使うためには、v0.4.0_44 よりも新しい MaixPy のファームウェアを M5StickV に書き込んでおく必要があります。そのため、ダウンロードページの v0.2.4 と v0.2.5 のフォルダの下には、このファームウェアの更新を周知するために、注意書きが記載された readme ファイルだけ格納されています。

MaixPyIDE のインストーラは「_」フォルダの下に格納されているので、MaixPy v0.2.5 のインストーラ「maixpy-ide-windows-0.2.5.exe」をダウンロードします。ダウンロードしたらインストーラを実行します。

○**MaixPy IDEのダウンロード**

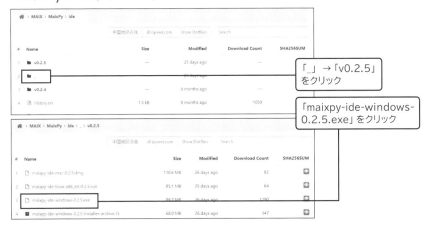

■MaixPy IDEを設定する

MaixPy IDE を起動し、M5StickV と接続してみましょう。最初にボードの設定を M5StickV に変更します。

● MaixPy IDEを設定

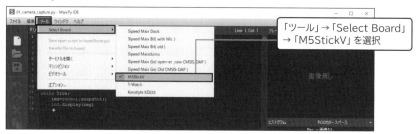

「ツール」→「Select Board」
→「M5StickV」を選択

■MaixPy IDEでPythonを実行する

MaixPy IDE の左下の「接続」を押し、M5StickV との接続を確立したあとに、「開始（スクリプトを実行）」を押すと、MaixPy IDE で表示している Python のプログラムを実行します。

● MaixPy IDEとM5StickVの接続

M5StickVとの接続

スクリプトの実行

　MaixPy IDE とつながっていないときにも Python プログラムを実行するには、M5StickV のフラッシュメモリに書き込まれている「boot.py」を書き換えます。「ツール」→「Save open script to board(boot.py)」を選択すると、M5StickV の起動時に実行する「boot.py」を MaixPy IDE で書いている Python のプログラムに上書きします。

◎起動ファイルの書き込み

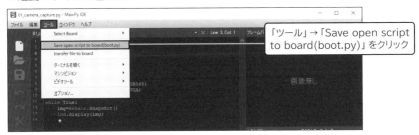

「ツール」→「Save open script to board(boot.py)」をクリック

■MaixPy IDEでターミナルを起動する

　MaixPy IDE でプログラムを実行するには、ターミナルを使うという方法もあります。筆者はこの方法をよく使います。ターミナルでは、Python のプログラムを実行するだけでなく、Python のコマンドでファイルを書き換えたり、ヘルプを呼んだりすることができます。

　ターミナルを起動するには、M5StickV がつながっている COM ポートをMaixPy IDE のターミナルに登録します。

◎ターミナルを開く

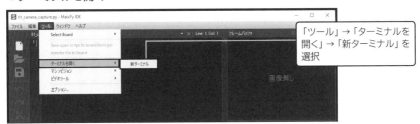

「ツール」→「ターミナルを開く」→「新ターミナル」を選択

4

M5StickVを使ってみよう

「シリアルポートに接続する」を選択

M5StickVがつながっているポートを選択

「115200」と入力

● シリアルポートに接続する

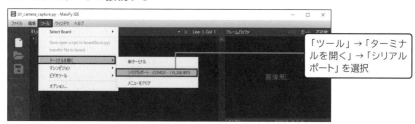

「ツール」→「ターミナルを開く」→「シリアルポート」を選択

　新しくウインドウが立ち上がり、コンソールに「MAIXPY」と表示され、ターミナルが立ち上がります。ターミナル上部の、実行ボタンを押すことで、MaixPy IDE に書かれているプログラムを実行します。

● ターミナルの起動

画面クリア　実行　停止　再起動

MaixPyで プログラミングしてみよう

MaixPy で M5StickV のプログラミングをしていきましょう。MaixPy は、数行のプログラムで驚くほど高度な機能を簡単に実装できます。M5StickV と MaixPy で、カメラ、ボタン、LED、LCD、IMU、SD カード、スピーカを簡単に扱うことができます。

ボタンを押す

M5StickV には、LCD の近くに A ボタン、側面に B ボタンが付いています。

◉**M5StickVのボタン**

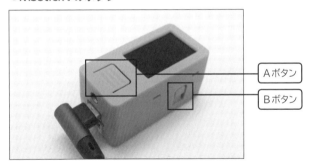

A ボタン
B ボタン

MaixPy には、FPIOA（Field Programmable Input and Output Array）という、任意のピンに任意の機能を割り振る機能があります。ボタンとつながっているIO を入力に設定すると、ボタンからの入力を読み取ることができます。

```
from fpioa_manager import fm

fm.register(Pin,Function)：FPIOA を設定
    Pin: ボード上のピンの番号、board_info で定義されている
    Function ：FPIOA の機能の名前
```

M5StickV のボタンは、GPIO の設定でプルアップやプルダウンを指定できます。ボタンを押していると 0、ボタンをはなしていると 1 を格納します。

```
from Maix import GPIO

class GPIO(ID, MODE, PULL, VALUE)：GPIO を設定
    ID: GPIO のピン名
    MODE: GPIO.IN で入力モード、GPIO.OUT 出力モード
    PULL: GPIO.PULL_UP/GPIO.PULL_DOWN/GPIO.PULL_NONE

GPIO.value([value])：GPIO を読み書きする。value の引数に数値を入れると書き込み、引
数なしでは読み取り値を返す
```

　ここでは M5StickV のボタンを押すとコンソールに「A_push」「A_release」を表示するプログラムを作りました。White ループの中で、単にボタンの GPIO が 1 か 0 か、すなわちボタンが押されているかどうかだけで判定すると、ボタンを長押ししたときに複数回処理が実行されてしまいます。そこで、ボタンを押した瞬間とはなした瞬間を検出する判定処理を追加しました。

4-1 ボタンを押すMaixPyプログラム

```
import lcd
from Maix import I2S, GPIO
from fpioa_manager import *

lcd.init()
fm.register(board_info.BUTTON_A, fm.fpioa.GPIO1)
but_a=GPIO(GPIO.GPIO1, GPIO.IN, GPIO.PULL_UP)

fm.register(board_info.BUTTON_B, fm.fpioa.GPIO2)
but_b = GPIO(GPIO.GPIO2, GPIO.IN, GPIO.PULL_UP)

but_a_pressed = 0
but_b_pressed = 0

while(True):
    if but_a.value() == 0 and but_a_pressed == 0:
        print("A_push")
        but_a_pressed=1
    if but_a.value() == 1 and but_a_pressed == 1:
        print("A_release")
        but_a_pressed=0

    if but_b.value() == 0 and but_b_pressed == 0:
```

```
    print("B_push")
    but_b_pressed=1
if but_b.value() == 1 and but_b_pressed == 1:
    print("B_release")
    but_b_pressed=0
```

LEDを点灯する

M5StickV には、赤、緑、青、白の 4 つの LED が内蔵されています。同時に複数色の LED を発光して、色を混ぜることができます。周りが暗いときには、フラッシュのようにして周りを照らすこともできますし、認識の結果を見ているユーザに伝えることにも使えます。

●M5StickVのLED

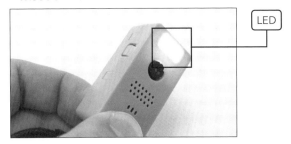

ここではボタン A を押すと白く光り、ボタン B を押すと赤く光らせるプログラムを作りました。

4-2 LEDを点灯するMaixPyプログラム

```
import lcd
from fpioa_manager import *
from Maix import GPIO
from board import board_info

fm.register(board_info.BUTTON_A, fm.fpioa.GPIO1)
but_a=GPIO(GPIO.GPIO1, GPIO.IN, GPIO.PULL_UP)

fm.register(board_info.BUTTON_B, fm.fpioa.GPIO2)
```

```
but_b = GPIO(GPIO.GPIO2, GPIO.IN, GPIO.PULL_UP)

fm.register(board_info.LED_W, fm.fpioa.GPIO3)
led_w = GPIO(GPIO.GPIO3, GPIO.OUT)
led_w.value(1) # LED は 0 で点灯、1 で消灯

fm.register(board_info.LED_R, fm.fpioa.GPIO4)
led_r = GPIO(GPIO.GPIO4, GPIO.OUT)
led_r.value(1) # LED は 0 で点灯、1 で消灯

fm.register(board_info.LED_G, fm.fpioa.GPIO5)
led_g = GPIO(GPIO.GPIO5, GPIO.OUT)
led_g.value(1) # LED は 0 で点灯、1 で消灯

fm.register(board_info.LED_B, fm.fpioa.GPIO6)
led_b = GPIO(GPIO.GPIO6, GPIO.OUT)
led_b.value(1) # LED は 0 で点灯、1 で消灯

lcd.init()
while(True):
    #A ボタンで LED 白点灯
    if but_a.value() == 0:
        led_w.value(0)
        led_r.value(1)
        led_g.value(1)
        led_b.value(1)

    #B ボタンで LED 赤点灯
    elif but_b.value()== 0:
        led_w.value(1)
        led_r.value(0)
        led_g.value(1)
        led_b.value(1)

    else:
        led_w.value(1)
        led_r.value(1)
        led_g.value(1)
        led_b.value(1)
```

LEDをPWMで制御する

M5StickV の LED を点灯すると光量が大きいため、まぶしいと感じるかもしれません。M5StickV は任意のピンに PWM 出力を設定することができ、LED の光量は PWM で任意に、少し暗くしたり少し明るくしたり調整できます。PWM はタイマーを作成し、ピンへ割り付けることで出力することができます。

◉ M5StickVのLEDをPWM駆動

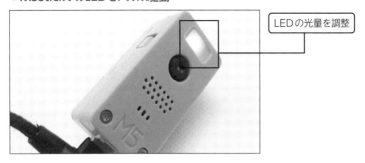

LEDの光量を調整

4

M5StickVを使ってみよう

```
from machine import Timer,PWM

class machine.Timer(id, channel, mode=Timer.MODE_ONE_SHOT,
  period=1000, unit=Timer.UNIT_MS, callback=None,
 arg=None, start=True, priority=1, div=0)
    id：タイマー ID、[0 ～ 2] (Timer.TIMER0 ～ TIMER2)
    channel：タイマーチャンネル、[Timer.CHANNEL0 ～ Timer.CHANNEL3]
    mode：タイマーモード、MODE_ONE_SHOT/MODE_PERIODIC/MODE_PWM
    period: タイマー周期
    unit：周期の単位、秒単位 (ms)、
    callback: コールバックを指定
    arg：パラメータを渡す
    start：すぐに開始は True、開始しないは False、start 関数で開始
    priority：ハードウェアタイマーの優先度
    div：分周器

class machine.PWM(tim, freq, duty, pin, enable=True)
    tim：Timer をここに渡す。Timer は初期化する必要がある
    freq：PWM の周波数
    duty：PWM の duty サイクル。[0 ～ 100] の範囲で指定する
    pin：PWM 出力ピン
    enable：波形の生成をすぐに開始するかどうか。デフォルトビットは True
```

M5StickV の赤色 LED を、正弦波で周期的に明るくしたり、暗くしたりを繰り返すプログラムを作りました。PWM は、LED を照らす以外にも、モータの駆動など、さまざまな用途があります。

4-3 LEDをPWMで制御するMaixPyプログラム

```
import time,math
from machine import Timer,PWM
from fpioa_manager import fm
from board import board_info

# タイマーを設定
tim = Timer(Timer.TIMER0, Timer.CHANNEL0, mode=Timer.MODE_PWM)
#LED 赤に PWM を設定
PWM_ch = PWM(tim, freq=500000, duty=0, pin=board_info.LED_R)
cnt=0
while(True):
    # 正弦波を生成
    duty_val=math.fabs(math.sin(cnt))*100
    #LED を正弦波で点灯
    PWM_ch.duty(duty_val)
    cnt=cnt+0.01
    time.sleep_ms(1)
```

カメラの画像をディスプレイに表示する

　MaixPy には LCD とカメラを扱うためのクラスや、MicroPython で画像処理を扱うためのライブラリが組み込まれており、簡単に画像処理や LCD の表示を取り扱うことができます。

◎ディスプレイにカメラの画像を表示

カメラの画像を表示

4

M5StickVを使ってみよう

```
import lcd

lcd.init(type=1, freq=15000000, color=lcd.BLACK)
    type: LCD のタイプ (0：なし、1：液晶シールド)
    freq： LCD の周波数（実際には SPI の通信速度）
    color：LCD 初期化の色。0xFFFF などの 16 ビット RGB565 カラー、または (236、36、
36) などの RGB888 カラー。デフォルトは lcd.BLACK

lcd.rotation(dir)
    dir：0 から 3 まで数値で、時計回りの回転を指定する
```

```
import sensor

sensor.set_pixformat(format)
    k210 は、rgb565 および yuv422 形式をサポート。
    MaixPy 開発ボードで推奨される設定は RGB565 形式

sensor.set_framesize(framesize)
    カメラの出力フレームサイズを設定する。
    k210 は最大で VGA フォーマットをサポートし、VGA よりも大きい場合、画像を取得できな
い。MaixPy 開発ボードの推奨設定は QVGA 形式
```

```
import image
img = sensor.snapshot()
    画像オブジェクトを返す
```

```
import lcd
lcd.display(image, roi=Auto)
    LCD に画像オブジェクト（GRAYSCALE または RGB565）を表示する。
    roi は (x、y、w、h) で指定。指定しない場合は、画像のサイズ
```

roi の幅が LCD より小さい場合、空いている領域を黒で塗りつぶす
roi の幅が LCD より大きい場合、LCD の大きさに切り取り、中央寄せ
roi の高さが LCD より低い場合は、空いている領域を黒で塗りつぶす
roi の高さが LCD より大きい場合、LCD の大きさに切り取り、中央寄せ

　M5StickV のカメラの画像を LCD に表示するプログラムを作りました。M5StickV は、カメラと LCD の取り付けの関係で LCD の表示を 180 度回さないと上下が反転してしまうので注意しましょう。

4-4 カメラ画像を表示するMaixPyプログラム

```
import sensor,image,lcd
#LCD の初期化
lcd.init()
lcd.rotation(2)
# カメラの初期化
sensor.reset()
sensor.set_pixformat(sensor.RGB565)
sensor.set_framesize(sensor.QVGA)
sensor.run(1)
while True:
    # カメラ画像を LCD に表示
    img=sensor.snapshot()
    lcd.display(img)
```

カメラの画像をSDカードに保存する

　M5StickV で撮影した画像を、SD カードに保存します。A ボタンを押すと SD カードに保存、B ボタンを押すと SD カードから写真を読み出して表示するプログラムを作ってみました。

```
import image
image.save(path, quality=95)
    path: 画像の保存先のファイル名を入力。画像フォーマットは、bmp/pgm/ppm/jpg/jpeg
をサポート
    quality:Jpeg で保存する場合、画質を指定。画質が低いほど画像サイズが小さくなる
```

4-5 カメラ画像を保存するMaixPyプログラム

```python
import sensor, image,lcd,os
from fpioa_manager import fm

# ボタンを初期化
fm.register(board_info.BUTTON_A, fm.fpioa.GPIO1)
but_a=GPIO(GPIO.GPIO1, GPIO.IN, GPIO.PULL_UP)
fm.register(board_info.BUTTON_B, fm.fpioa.GPIO2)
but_b = GPIO(GPIO.GPIO2, GPIO.IN, GPIO.PULL_UP)
is_button_a = 0
is_button_b = 0

#LCD の初期化
lcd.init()
lcd.rotation(2)

# カメラの初期化
sensor.reset()
sensor.set_pixformat(sensor.RGB565)
sensor.set_framesize(sensor.QVGA)
sensor.run(1)

# 画像のファイル名を指定
path = "save_"
ext=".jpg"
cnt=0
img_read = image.Image()

print(os.listdir())

while True:
    if is_button_b == 1:
        lcd.display(img_read)

    else :
        img=sensor.snapshot()
        lcd.display(img)

    #A ボタンを押されたら、カウントアップして画像を保存
    if but_a.value() == 0 and is_button_a == 0:
        print("save image")
        cnt+=1
        fname=path+str(cnt)+ext
        print(fname)
        img.save(fname, quality=95)
        is_button_a=1
```

4

M5StickVを使ってみよう

```
    if but_a.value() == 1 and is_button_a == 1:
        is_button_a=0

    #Bボタンを押されたら、画像を読み出し
    if but_b.value() == 0 and is_button_b == 0:
        fname=path+str(cnt)+ext
        print(fname)
        img_read = image.Image(fname)
        is_button_b=1

    if but_b.value() == 1 and is_button_b == 1:
        is_button_b=0
```

SDカードから画像を読み取る

SDカードに保存した画像を読み出して、LCDに表示してみましょう。

```
import image
class image.Image(path[, copy_to_fb=False])
    pathのファイルから新しい画像オブジェクトを作成する
    幅、高さ、およびsensor.BINARY、sensor.GRAYSCALE、sensor.RGB565のいずれか
を渡して、新しい画像オブジェクト（0に初期化-黒）を作成することもできる
    copy_to_fbがTrueの場合、画像はフレームバッファに直接ロードされ、大きな画像をロー
ドできる。Falseの場合、画像はフレームバッファよりも小さいMaixPyのヒープに読み込まれ
る
```

SDカードに保存するときと同様に、MaixPyのImageクラスを使います。

4-6 カメラ画像を読み出すMaixPyプログラム

```
import sensor,image,lcd

lcd.init()
lcd.rotation(2)

fname="save_1.jpg"
img_read = image.Image(fname)
lcd.display(img_read)
```

スピーカからWAVファイルを再生する

　M5StickV はスピーカを搭載しており、MaixPy から WAV ファイルを再生することができます。事前に SD カードに「test.wav」という WAV ファイルを保存しておき、その WAV ファイルを読み出して、M5StickV で再生してみました。

4-7 WAVファイルを再生するMaixPyプログラム

```
from fpioa_manager import *
from Maix import I2S, GPIO
import audio

## スピーカの初期化
fm.register(board_info.SPK_SD, fm.fpioa.GPIO0)
spk_sd=GPIO(GPIO.GPIO0, GPIO.OUT)
spk_sd.value(1)
fm.register(board_info.SPK_DIN,fm.fpioa.I2S0_OUT_D1)
fm.register(board_info.SPK_BCLK,fm.fpioa.I2S0_SCLK)
fm.register(board_info.SPK_LRCLK,fm.fpioa.I2S0_WS)
wav_dev = I2S(I2S.DEVICE_0)

##wav ファイルの再生の関数
def play_wav(fname):
    player = audio.Audio(path = fname)
    player.volume(20)
    wav_info = player.play_process(wav_dev)
    wav_dev.channel_config(wav_dev.CHANNEL_1,
        I2S.TRANSMITTER,resolution = I2S.RESOLUTION_16_BIT,
        align_mode = I2S.STANDARD_MODE)
    wav_dev.set_sample_rate(wav_info[1])
    while True:
        ret = player.play()
        if ret == None:
            break
        elif ret==0:
            break
    player.finish()

fm.register(board_info.BUTTON_A, fm.fpioa.GPIO1)
but_a=GPIO(GPIO.GPIO1, GPIO.IN, GPIO.PULL_UP)
but_a_pressed = 0

while True:
    #A ボタンを押したら wav ファイル再生
```

4

M5StickVを使ってみよう

```
    if but_a.value() == 0 and but_a_pressed == 0:
    #SD カードに格納された "sample.wav" を再生
        play_wav("sample.wav")
        but_a_pressed=1
    if but_a.value() == 1 and but_a_pressed == 1:
        but_a_pressed=0

player.finish()
```

　I2S はスピーカやマイクと接続するために使われ、Kendryte K210 は 3 つの
I2S デバイスとつなげることができます。1 つの I2S デバイスは、4 つのチャンネ
ルに対応しています。よくスピーカで 2ch や 5.1ch と呼ばれる商品があるように、
1 つのデバイスに複数のチャンネルがぶら下がる構成になっています。I2S を使う
前には、ピンを割り付けする必要があります。

```
from Maix import I2S
i2s_dev = I2S(device_num)
    device_num：K210 の I2S デバイス番号を指定する。最大は 3

i2s_dev.channel_config(channel, mode, resolution, cycles, align_mode)
    channel：I2S チャンネル番号
    mode：チャネル送信モード、受信モードを選択
    resolution：チャネルの解像度、つまり受信データビット数を指定する
    cycles：通信データのクロック周期を指定する
    align_mode：チャネルのアライメントモードを指定する

i2s_dev.set_sample_rate(sample_rate)
    サンプルレートを指定する

i2s_dev.play(audio)
    audio スピーカで再生する
```

I2Cで加速度センサーを読み取る

M5StickV は **IMU** を内蔵しています。IMU の加速度センサーを使うと姿勢や振動を検出することができます。M5StickV の IMU には I2C でアクセスできます。

◦加速度センサーを表示

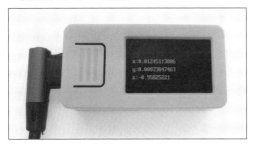

■M5StickVのIMUを調べる

M5StickV の IMU は、本書執筆時点で、6軸 IMU の「SH200Q」が搭載された初期ロットのタイプ、6軸 IMU の「MPU6886」が GPIO の G28 と G29 に接続された一つ前のタイプ、6軸 IMU の「MPU6886」が GPIO の G26 と G27 に接続された最新のタイプの3種類があります。どのタイプが搭載されているかは、M5StickV につながっている I2C のアドレスを羅列することで判別可能です。

```
from machine import I2C

class machine.I2C(id, mode=I2C.MODE_MASTER, scl=None, sda=None,
    freq=400000, timcout=1000, addr=0, addr_size=7,
    on_recieve=None, on_transmit=None, on_event=None)
    I2C を設定する

    Id：I2C ID。I2C.I2C0 ～ I2C.I2C2 を指定する
    mode：マスター（I2C.MODE_MASTER）スレーブ（I2C.MODE_SLAVE）を選択
    SCL：SCL のピン番号を直接渡す。範囲は [0 ～ 47]
    SDA：SDA のピン番号を直接渡す。範囲は [0 ～ 47]
    freq：I2C 通信周波数、標準 100Kb/s、快速 400Kb/s、さらに高速をサポート（ハードウェアは超高速モード 1000Kb/s、高速モード 3.4Mb/s をサポート）
    timeout：タイムアウト時間。このパラメータは予約されており、無効
    Addr：スレーブアドレス
```

　MaixPy で I2C のアドレスをスキャンするプログラムを用意しました。

　初期ロットのタイプでは、GPIO の G28 と G29 に、SH200Q の [108] と電源管理 IC AXP192 の [52] が返ってきます。MPU6886 の以前のタイプでは、GPIO の G28 と G29 に、MPU6886 の [104] と電源管理 IC AXP192 の [52] が返ってきます。MPU6886 の最新のタイプでは、GPIO の G28 と G29 に電源管理 IC AXP192 の [52]、GPIO の G26 と G27 に MPU6886 の [104] が返ってきます。

4-8 I2CスキャンのMaixPyプログラム

```
from Maix import GPIO
from fpioa_manager import fm, board_info
from machine import I2C

i2c = I2C(I2C.I2C0, freq=400000, scl=28, sda=29)
devices = i2c.scan()
print("I2C G28, G29")
print(devices)

fm.register(25, fm.fpioa.GPIO7)
i2c_cs = GPIO(GPIO.GPIO7, GPIO.OUT)
i2c_cs.value(1)
i2c = I2C(I2C.I2C0, freq=400000, scl=26, sda=27)
devices = i2c.scan()
print("I2C G26, G27")
print(devices)
```

■SH200QのM5StickVから加速度を読み取る

MaixPy の I2C を制御する関数を使うことで、I2C のレジスタへデータを書き込み、I2C のレジスタからデータ読み取りを行うことができます。

```
I2C.writeto_mem(addr, memaddr, buf, mem_size=8)
    addr: スレーブアドレス
    memaddr: スレーブレジスタアドレス
    buf:読む長さ
    mem_size: レジスタ幅、デフォルトは8ビット

I2C.readfrom_mem(addr, memaddr, nbytes, mem_size=8)
    addr: スレーブアドレス
    memaddr: スレーブレジスタアドレス
    nbytes:読む長さ
    mem_size: レジスタ幅、デフォルトは8ビット
```

IMU が SH200Q の M5StickV で、加速度を検出してみましょう。M5Stack から I2C で SH200Q と通信をし、加速度センサーの値を読み取ってみました。

4-9 SH200Qから加速度を読み取るMaixPyプログラム

```
from machine import I2C
import lcd

#SDH200 のアドレス [108] があることを確認
i2c = I2C(I2C.I2C0, freq=100000, scl=28, sda=29)
devices = i2c.scan()
print("i2c",devices)

#SDH200 のレジスタ
SH200I_ADDRESS=108
SH200I_WHOAMI= 0x30
SH200T_ACC_CONFIG= 0x0E
SH200I_GYRO_CONFIG= 0x0F
SH200I_GYRO_DLPF= 0x11
SH200I_FIFO_CONFIG= 0x12
SH200I_ACC_RANGE= 0x16
SH200I_GYRO_RANGE= 0x2B
SH200I_OUTPUT_ACC= 0x00
SH200I_OUTPUT_GYRO= 0x06
SH200I_OUTPUT_TEMP= 0x0C
SH200I_REG_SET1= 0xBA
SH200I_REG_SET2= 0xCA
SH200I_ADC_RESET=  0xC2
```

```
SH200I_SOFT_RESET= 0x7F
SH200I_RESET= 0x75

#I2Cへ書き込み
def write_i2c(address, value):
    i2c.writeto_mem(SH200I_ADDRESS, address, bytearray([value]))
    time.sleep_ms(10)

#SH200の初期化
def SH200I_init():
    write_i2c(SH200I_FIFO_CONFIG, 0x00)
    tempdata = i2c.readfrom_mem(SH200I_ADDRESS, 0x30, 1);
    print ("ChipID:", tempdata);
    tempdata = i2c.readfrom_mem(SH200I_ADDRESS, SH200I_ADC_RESET, 1);
    tempdata = tempdata[0] | 0x04
    write_i2c(SH200I_ADC_RESET, tempdata)
    tempdata = tempdata & 0xFB
    write_i2c(SH200I_ADC_RESET, tempdata)
    tempdata = i2c.readfrom_mem(SH200I_ADDRESS, 0xD8, 1)
    tempdata = tempdata[0] | 0x80
    write_i2c(0xD8, tempdata)
    tempdata = tempdata & 0x7F;
    write_i2c(0xD8, tempdata)
    write_i2c(0x78, 0x61)
    write_i2c(0x78, 0x00)
    write_i2c(SH200I_ACC_CONFIG, 0x91)
    write_i2c(SH200I_GYRO_CONFIG, 0x13)
    write_i2c(SH200I_GYRO_DLPF, 0x03)
    write_i2c(SH200I_FIFO_CONFIG, 0x00)
    write_i2c(SH200I_ACC_RANGE, 0x01)
    write_i2c(SH200I_GYRO_RANGE, 0x00)
    write_i2c(SH200I_REG_SET1, 0xC0)
    tempdata = i2c.readfrom_mem(SH200I_ADDRESS, SH200I_REG_SET2, 1)
    tempdata = tempdata[0] | 0x10
    write_i2c(SH200I_REG_SET2, tempdata)
    tempdata = tempdata | 0xEF
    write_i2c(SH200I_REG_SET2, tempdata)

#SH200からの読み出し
def SH200I_acc_read():
    accel = i2c.readfrom_mem(SH200I_ADDRESS, SH200I_OUTPUT_ACC, 6)
    accel_x = (accel[1]<<8|accel[0]);
    accel_y = (accel[3]<<8|accel[2]);
    accel_z = (accel[5]<<8|accel[4]);
    if accel_x>32768:
        accel_x=accel_x-65536
    if accel_y>32768:
```

```
        accel_y=accel_y-65536
    if accel_z>32768:
        accel_z=accel_z-65536
    return accel_x,accel_y,accel_z

# メインの処理はここから開始
SH200I_init()
lcd.init()
lcd.clear()
aRes = 8.0/32768.0;
while True:
    x,y,z=SH200I_acc_read()
    accel_array = [x*aRes, y*aRes, z*aRes]
    print(accel_array);
    lcd.draw_string(20,50,"x:"+str(accel_array[0]))
    lcd.draw_string(20,70,"y:"+str(accel_array[1]))
    lcd.draw_string(20,90,"z:"+str(accel_array[2]))
    time.sleep_ms(10)
```

■MPU6886のM5StickVから加速度を読み取る①

MPU6886 が接続されたタイプの M5StickV で、加速度を検出してみましょう。MPU6886 が接続されたタイプには、GPIO の G28 と G29 に接続されたタイプと、GPIO の G26 と G27 に接続されたタイプの 2 種類があります。最新タイプの M5StickV は後者のタイプになります。

SH200Q と同様に、MPU6886 のデータシートに従って初期化をかけ、加速度センサーの値を読み取ってみました。GPIO の G28 と G29 で I2C をスキャンし、MPU6886 のアドレス [104] が見つかった場合にはこちらのプログラムで MPU6866 の読み込みを行います。

4

M5StickVを使ってみよう

4-10 MPU6886から加速度を読み取るMaixPyプログラム①

```
from machine import I2C
import lcd

#MPU6886のアドレス[104]があることを確認
i2c = I2C(I2C.I2C0, freq=100000, scl=28, sda=29)
devices = i2c.scan()
time.sleep_ms(10)
print("i2c",devices)

#MPU6886のレジスタ
MPU6886_ADDRESS=0x68
MPU6886_WHOAMI=0x75
MPU6886_ACCEL_INTEL_CTRL=  0x69
MPU6886_SMPLRT_DIV=0x19
MPU6886_INT_PIN_CFG=    0x37
MPU6886_INT_ENABLE=0x38
MPU6886_ACCEL_XOUT_H=  0x3B
MPU6886_TEMP_OUT_H=0x41
MPU6886_GYRO_XOUT_H=    0x43
MPU6886_USER_CTRL= 0x6A
MPU6886_PWR_MGMT_1=0x6B
MPU6886_PWR_MGMT_2=0x6C
MPU6886_CONFIG=0x1A
MPU6886_GYRO_CONFIG=    0x1B
MPU6886_ACCEL_CONFIG=   0x1C
MPU6886_ACCEL_CONFIG2= 0x1D
MPU6886_FIFO_EN=    0x23


#I2Cへ書き込み
def write_i2c(address, value):
    i2c.writeto_mem(MPU6886_ADDRESS, address, bytearray([value]))
    time.sleep_ms(10)

#MPU6866の初期化
def MPU6866_init():
    write_i2c(MPU6886_PWR_MGMT_1, 0x00)
    write_i2c(MPU6886_PWR_MGMT_1, 0x01<<7)
    write_i2c(MPU6886_PWR_MGMT_1,0x01<<0)
    write_i2c(MPU6886_ACCEL_CONFIG,0x10)
    write_i2c(MPU6886_GYRO_CONFIG,0x18)
    write_i2c(MPU6886_CONFIG,0x01)
    write_i2c(MPU6886_SMPLRT_DIV,0x05)
    write_i2c(MPU6886_INT_ENABLE,0x00)
    write_i2c(MPU6886_ACCEL_CONFIG2,0x00)
    write_i2c(MPU6886_USER_CTRL,0x00)
```

```
    write_i2c(MPU6886_FIFO_EN,0x00)
    write_i2c(MPU6886_INT_PIN_CFG,0x22)
    write_i2c(MPU6886_INT_ENABLE,0x01)

#MPU6866からの読み出し
def MPU6866_read():
    accel = i2c.readfrom_mem(MPU6886_ADDRESS, MPU6886_ACCEL_XOUT_H, 6)
    accel_x = (accel[0]<<8|accel[1])
    accel_y = (accel[2]<<8|accel[3])
    accel_z = (accel[4]<<8|accel[5])
    if accel_x>32768:
        accel_x=accel_x-65536
    if accel_y>32768:
        accel_y=accel_y-65536
    if accel_z>32768:
        accel_z=accel_z-65536
    return accel_x,accel_y,accel_z

# メインの処理はここから開始
MPU6866_init()
lcd.init()
lcd.clear()
aRes = 8.0/32768.0;
while True:
    x,y,z=MPU6866_read()
    accel_array = [x*aRes, y*aRes, z*aRes]
    print(accel_array);
    lcd.draw_string(20,50,"x:"+str(accel_array[0]))
    lcd.draw_string(20,70,"y:"+str(accel_array[1]))
    lcd.draw_string(20,90,"z:"+str(accel_array[2]))
    time.sleep_ms(10)
```

4

M5StickVを使ってみよう

■MPU6886のM5StickVから加速度を読み取る②

MPU6886 が GPIO の G26 と G27 に接続された最新のタイプの M5StickV で、加速度を読み取ってみましょう。

最新のタイプでは、MPU6886 は通信モードを SPI または I2C に設定する SPI ／ I2C デュアルモードをサポートしており、I2C のピンマッピングは G26 と G27 が接続されています。G25 の GPIO を HIGH とすると MPU6866 は I2C モードで動作し、LOW とすると MPU6866 は SPI モードで動作します。2020 年 3 月以降に生産されたこの最新タイプの M5StickV には、NOTICE と書いてあるアナウンス紙が入っています。

○M5StickVのアナウンス紙

4-11 MPU6886から加速度を読み取るMaixPyプログラム②

```
from machine import I2C
import lcd

#I2C G26, G27 に、MPU6886 のアドレス [104] があることを確認
i2c = I2C(I2C.I2C0, freq=400000, scl=28, sda=29)
devices = i2c.scan()
print("I2C G28, G29")
print(devices)

fm.register(25, fm.fpioa.GPIO7)
i2c_cs = GPIO(GPIO.GPIO7, GPIO.OUT)
i2c_cs.value(1)
i2c = I2C(I2C.I2C0, freq=400000, scl=26, sda=27)
devices = i2c.scan()
print("I2C G26, G27")
print(devices)
```

```
#MPU6886 のレジスタ
MPU6886_ADDRESS=0x68
MPU6886_WHOAMI=0x75
MPU6886_ACCEL_INTEL_CTRL=  0x69
MPU6886_SMPLRT_DIV=0x19
MPU6886_INT_PIN_CFG=    0x37
MPU6886_INT_ENABLE=0x38
MPU6886_ACCEL_XOUT_H=   0x3B
MPU6886_TEMP_OUT_H=0x41
MPU6886_GYRO_XOUT_H=    0x43
MPU6886_USER_CTRL= 0x6A
MPU6886_PWR_MGMT_1=0x6B
MPU6886_PWR_MGMT_2=0x6C
MPU6886_CONFIG=0x1A
MPU6886_GYRO_CONFIG=    0x1B
MPU6886_ACCEL_CONFIG=   0x1C
MPU6886_ACCEL_CONFIG2= 0x1D
MPU6886_FIFO_EN=   0x23


#I2C へ書き込み
def write_i2c(address, value):
    i2c.writeto_mem(MPU6886_ADDRESS, address, bytearray([value]))
    time.sleep_ms(10)

#MPU6866 の初期化
def MPU6866_init():
    write_i2c(MPU6886_PWR_MGMT_1, 0x00)
    write_i2c(MPU6886_PWR_MGMT_1, 0x01<<7)
    write_i2c(MPU6886_PWR_MGMT_1,0x01<<0)
    write_i2c(MPU6886_ACCEL_CONFIG,0x10)
    write_i2c(MPU6886_GYRO_CONFIG,0x18)
    write_i2c(MPU6886_CONFIG,0x01)
    write_i2c(MPU6886_SMPLRT_DIV,0x05)
    write_i2c(MPU6886_INT_ENABLE,0x00)
    write_i2c(MPU6886_ACCEL_CONFIG2,0x00)
    write_i2c(MPU6886_USER_CTRL,0x00)
    write_i2c(MPU6886_FIFO_EN,0x00)
    write_i2c(MPU6886_INT_PIN_CFG,0x22)
    write_i2c(MPU6886_INT_ENABLE,0x01)

#MPU6866 からの読み出し
def MPU6866_read():
    accel = i2c.readfrom_mem(MPU6886_ADDRESS, MPU6886_ACCEL_XOUT_H, 6)
    accel_x = (accel[0]<<8|accel[1])
    accel_y = (accel[2]<<8|accel[3])
```

4

M5StickVを使ってみよう

```
        accel_z = (accel[4]<<8|accel[5])
        if accel_x>32768:
            accel_x=accel_x-65536
        if accel_y>32768:
            accel_y=accel_y-65536
        if accel_z>32768:
            accel_z=accel_z-65536
        return accel_x,accel_y,accel_z

# メインの処理はここから開始
MPU6866_init()
lcd.init()
lcd.clear()
aRes = 8.0/32768.0;
while True:
    x,y,z=MPU6866_read()
    accel_array = [x*aRes, y*aRes, z*aRes]
    print(accel_array);
    lcd.draw_string(20,50,"x:"+str(accel_array[0]))
    lcd.draw_string(20,70,"y:"+str(accel_array[1]))
    lcd.draw_string(20,90,"z:"+str(accel_array[2]))
    time.sleep_ms(10)
```

chapter 5

M5StickVで
ディープラーニング
を使ってみよう

M5StickVで
ディープラーニング

TensorFlow／Kerasでディープラーニングのモデルを作る

M5StickV に搭載されている「**Kendryte K210**」の最大の特徴は、**KPU**（Knowledge Processing Unit）という、深層学習のためのアクセラレータを持っていることです。これによって、**畳み込みニューラルネットワーク**（CNN）などのディープラーニングのアルゴリズムを高速に実行することができます。なお、KPU で畳み込みニューラルネットワークを演算するためには、事前に学習データを用意しておく必要があります。

本章では、ディープラーニングの学習データの作り方について説明します。M5StickV に何が映っているかを分類する「クラス分類」という手法と、M5StickV に映っているオブジェクトの大きさと座標を取得する「オブジェクト認識」という手法を紹介します。

○ディープラーニングのモデル

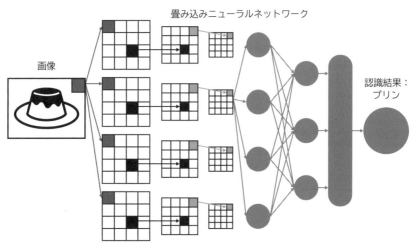

160

Windows Subsystem for Linuxのインストール

Kendryte K210 の学習データを作る場合、Linux が推奨環境です。Kendryte K210 の学習データを作るツールは Windows や Mac の環境で使えるものも提供されていますが、バージョンが古いものしかない、不具合があったときに調べたくてもユーザが少なく、情報が見つけづらいという問題があります。

普段から Linux を使われている方はそのまま進められますが、Windows 10 を使われている方は、Windows 10 で Linux のバイナリを実行できる「Windows Subsystem for Linux」をインストールしましょう。

Windows の「コントロールパネル」→「プログラムと機能」から、「Windows の機能の有効化または無効化」を選択します。続いて、「Windows の機能の有効化または無効化」のメニューの中から、「Windows Subsystem for Linux」を探し、チェックを入れます。

● Windows Subsystem for Linuxの有効化

インストールが始まるので、終わるまで待ちます。インストールが終わったら PC を再起動します。

続いて「Microsoft Store」から、「Ubuntu」を検索して入手します。Linux の中で、Ubuntu と呼ばれるディストリビューションを使って解説していきます。

● Ubuntuのインストール

「入手」をクリック

　Windows のスタートメニューから Ubuntu を起動します。インストールの画面
が表示されるので、完了するまで待ちます。
　完了すると、内部で使用するユーザ名とパスワードの設定を求められます。プロ
ンプトに従って任意のユーザ名とパスワードを入力します。

● Windows Subsystem for Linuxのユーザ作成

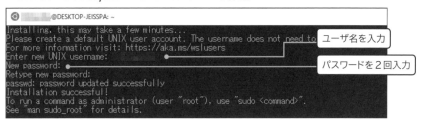

ユーザ名を入力

パスワードを2回入力

　ここまでで、Windows Subsystem for Linux の準備ができました。

TensorFlow ／ Kerasをインストール

「**TensorFlow**」は、Google が開発している、ディープラーニングや機械学習を開発するためのソフトウェアライブラリです。「**Keras**」は、TensorFlow 上で動く、ディープラーニングを使いやすくするライブラリです。比較的短いソースコードでニューラルネットワークを構築することができます。

TensorFlow では、組み込み機器やモバイル端末で TensorFlow を動作させるために、「TensorFlow Lite」というコンパクトなディープラーニングのモデル形式を用意しています。TensorFlow Lite 向けに作成した学習データは、Kendryte が提供する「**NNCase**」で、Kendryte K210 向けに学習モデルのフォーマット「**kmodel**」へと変換します。

M5StickV は、事前に kmodel を読み込むことで、ディープラーニングの推論を行うことができるのです。

TensorFlow ／ Keras をインストールする前に、Windows Subsystem for Linux の Ubuntu を起動して、「Miniconda」という Python を扱うためのツールをインストールします。ここからの作業は、本書では Windows Subsystem for Linux の Ubuntu20.04 で動作確認しました。

Windows Subsystem for Linux の Ubuntu に以下のコマンドを入力します。

```
$ wget https://repo.anaconda.com/miniconda/Miniconda3-latest-
Linux-x86_64.sh
$ sh Miniconda3-latest-Linux-x86_64.sh
```

Miniconda では、パッケージマネージャ Conda を使って、Python 本体を含む環境全体を管理することができます。ライセンスの確認を求められたら、エンターキーを押します。

```
Welcome to Miniconda3 py37_4.8.3

In order to continue the installation process, please review the license
agreement.
Please, press ENTER to continue
>>>
```

5

M5StickVでディープラーニングを使ってみよう

ライセンスに同意するか聞かれるため、「yes」と入力します。

```
Do you accept the license terms? [yes|no]
[no] >>>yes
```

Miniconda のインストール場所について聞かれたら、エンターキーを押します。

```
Miniconda3 will now be installed into this location:
/root/miniconda3
    - Press ENTER to confirm the location
    - Press CTRL-C to abort the installation
    - Or specify a different location below

[/root/miniconda3] >>>
```

Miniconda を初期化して良いか聞かれるため、「yes」と入力します。

```
Do you wish the installer to initialize Miniconda3
by running conda init? [yes|no]
[no] >>>yes
```

下記のメッセージが表示されたら、インストール完了です。

```
conda config --set auto_activate_base false

Thank you for installing Miniconda3!
```

　次に "conda create" で Python 本体を含めた環境を作成し、"conda install"
でパッケージを追加します。 Python 本体を含めた環境を作成すると同時に
Python、TensorFlow、Keras などのパッケージをインストールします。

```
$ bash
$ conda create -n ml python=3.6 tensorflow=1.14 keras==2.2.4
$ conda install pillow numpy pydot graphviz
```

"conda activate" で Conda で作成した Python 環境をアクティブ化します。Conda をアクティブ化する作業は、シェルを立ち上げるごとに必要です。Conda は、隔離した Python 環境を作成してくれるので、システムの Python 環境を誤って変更することがなく、安心してプログラミングができます。Conda をアクティブ化したあとに、Miniconda の中の Python 環境に、Matplotlib や OpenCV などのライブラリを "pip install" でインストールします。

```
$ conda activate ml
$ pip install matplotlib sklearn imgaug==0.2.6 opencv-python Pillow
$ pip install requests tqdm  pytest-cov codecov seaborn
```

学習モデル変換ツール「NNCase」をインストールする

「NNCase」は、Keras や TensorFlow で作成した学習データを、KPU の学習データ「kmodel」へ変換することができるツールです。NNCase は Kendryte K210 の開発元の Kendryte がリリースしてしているツールで、以下の URL（Kendryte の GitHub）からダウンロードできます。本書の手順は、NNCase v0.1.0 RC5 に対応しています。

https://github.com/kendryte/nncase/

```
$ mkdir ./ncc
$ cd ./ncc
$ wget https://github.com/kendryte/nncase/releases/download/v0.1.0-rc5/
ncc-linux-x86_64.tar.xz
$ tar -Jxf ncc-linux-x86_64.tar.xz
```

例えば、TensorFlow の学習モデル「my.tflite」を NNCase で KPU の学習データに変換するには、次のコマンドを入力します。dataset は画像が入っているフォルダを指定し、画像からダイナミックレンジ補正を行います。M5StickV で撮影した画像を入れておきましょう。

```
$ ./ncc/ncc -i tflite -o k210model --dataset images my.tflite my.kmodel
```

NNCase は、コマンドの引数でオプションを設定します。

●NNCaseのコマンドオプション

引数	内容
-i,--input-format	必須。入力ファイルのフォーマットを指定する
-o,--output-format	必須。出力ファイルのフォーマットを指定する
--dataset	必須。データセット（画像データ）のパスを指定する
--dataset-format	データセットのファイル形式を指定する（画像データやテキストデータなど）
--help	ヘルプを表示する
--version	バージョンを表示する
input (pos. 0)	オプションの指定がない引数の 0 個目で、入力ファイルの path を指定する
output (pos. 1)	オプションの指定がない引数の 1 個目で、出力ファイルの path を指定する

NNCase を Ubuntu の Python から呼び出す場合は、シェルのコマンドを呼び出す subprocess 関数を使います。

```
#TensorFlow Lite->kmodel 形式に変換
import subprocess
subprocess.run(['./ncc/ncc','my_mbnet.tflite','my_mbnet.kmodel','-i','tflite','-o','k210model','--dataset','images'])
```

MNISTから
手書き数字を認識する

「**MNIST**」は、ディープラーニング学習の入門として有名な手書き数字のデータセットです。ここからは MNIST での手書き文字のクラス分類を M5StickV で動かすための学習データを作成していきます。

MNISTを学習する

Keras で、MNIST を学習する Ubuntu での Python プログラムについて説明します。はじめに部分的な Python プログラムを解説し、全体的な Python プログラムは解説のあとのページに掲載しています。

最初に、Keras が MNIST データを読み込む関数 mnist.load_data() について解説します。
mnist.load_data() 関数を呼び出すと、インターネットから 28 × 28 ピクセルの学習用のデータセットを 6 万個、検証用のデータセットを 1 万個、自動的にダウンロードします。x_train には学習用の画像データ、y_train には学習用の正解データ、x_test には検証用の画像データ、y_test には検証用の正解データが格納されています。

```
img_rows, img_cols = 28, 28
(x_train, y_train), (x_test, y_test) = mnist.load_data()
```

　Keras での畳み込みニューラルネットワークの学習への入力にあわせて、画像
データを加工します。mnist の画像は、一般的なグレースケールの画像データと同
じく、0 〜 255（1 バイト）の範囲の数値で表されます。白は 0 で、255 に近づく
につれて黒くなります。ここでは濃淡を 0 〜 1 の範囲に正規化します。

```
x_train = x_train.astype('float32')
x_test = x_test.astype('float32')
x_train /= 255
x_test /= 255
```

　Keras での学習への入力にあわせて正解データを加工します。MNISTの正解デー
タには、対となる画像に何の数字が書かれているかを表す「0」〜「9」の数字が
格納されています。例えば「4」という数字なら [0,0,0,0,1,0,0,0,0,0] のように、「4」
を表す値だけが「1」となるような 1 次元配列のフォーマットに加工する必要があ
ります。

```
y_train = keras.utils.to_categorical(y_train, num_classes)
y_test = keras.utils.to_categorical(y_test, num_classes)
```

　Keras では Sequential() でモデルの大枠を定義し、model.add でニュー
ラルネットワークを順番に追加していきます。 Conv2D は 2 次元畳み込み層、
MaxPool2D はプーリング層、Dropout はドロップアウト層、Flatten は平滑化層、
Dense は全結合層のニューラルネットワークを定義します。 畳み込みニューラル
ネットワークの特徴は、畳み込み層とプーリング層と繰り返すことでネットワーク
を作ります。今回は、畳み込み層とプーリング層を 2 回かけるという構造にして
みました。
　畳み込みニューラルネットワークでは、**padding** と呼ばれる、データの大きさ
を 0 で埋めて揃える処理がありますが、Kendryte K210 の padding の処理は、
Keras のデフォルトの padding とは異なり、そのままではモデルを読み込むこと
ができません。Keras では、padding を ZeroPadding2D で全周（上下左右）を
0 で覆う処理に変更することで、Kendryte K210 と同じ padding の処理となり
ます。デフォルトの KPU の padding は全周（上下左右）を 0 で覆う処理ですが、

Keras の padding はデフォルトで右と下を覆う処理になっています。padding の
処理は、Conv2D() の前に付け加えます。

```
def create_mnist_model(shape=(img_rows, img_cols, 1), num_classes=10):
  num_classes = 10
  kernel_size=(3, 3)
  pool_size=(2, 2)

  model = Sequential()

  model.add(ZeroPadding2D(padding=((1, 1), (1, 1)), input_shape=shape))
  model.add(Conv2D(32, kernel_size,activation='relu',input_shape=shape))
  model.add(MaxPooling2D(pool_size))

  model.add(ZeroPadding2D(padding=((1, 1), (1, 1))))
  model.add(Conv2D(64, kernel_size,activation='relu'))
  model.add(MaxPooling2D(pool_size))

  model.add(Dropout(0.25))
  model.add(Flatten())
  model.add(Dense(32, activation='relu'))
  model.add(Dropout(0.5))
  model.add(Dense(num_classes, activation='softmax'))
  return model

model = create_mnist_model()
```

　Keras では、model.summary() は、モデル形状の概要をテキストで表示します。
　model.compile() は、どのような学習処理を行うかを設定します。引数の loss
は、モデルが最小化しようとする損失関数を表し、マルチクラス分類問題では
categorical_crossentropy、2値分類問題では binary_crossentropy を指定しま
す。引数の optimizer は、最適化アルゴリズムを選びます。SGD、RMSprop、
AdaGrad、AdaDelta、Adam、AdaMax のアルゴリズムなどを選択します。引数
の metrics は、評価関数を指定します。一般的には accuracy を使います。
　損失関数の loss と最適化アルゴリズム optimizer は、さまざま手法が用意され
ています。学習にあわせて最適な手法を選ぶかがとても重要ですが、正しく選ぶた
めにはそれぞれの中身を正確に理解する必要があります。本書の紙面では語りつく
せない奥深い内容ですので、Keras のドキュメントや文献などで知識を深めてみて
ください。

```
model.summary()
model.compile(loss='categorical_crossentropy',
              optimizer=keras.optimizers.Adadelta(),
              metrics=['accuracy'])
for layer in model.layers:
    print(layer.name)
```

　Keras では、model.fit() で畳み込みニューラルネットワークの学習を開始します。

　引数の epochs は、x_train の入力データ全部を 1 つのかたまりとして、そのかたまりを学習し直す回数を指定します。同じデータセットを何度も再学習させることでモデル内のパラメータをそのデータセットに合うよう自動的に調整します。具体的に何回に設定すべきかはケースバイケースですが、学習結果を見ながら、十分に収束したとみなせる回数を指定します。

　batch_size は、過学習を防ぐために x_train を小分けにします。その小分けにしたものを「サブバッチ」と呼びます。過学習とは、訓練用に与えたデータに対してはよい成績を出す一方で、その他のデータ対して極端に成績が低くなってしまう状態のことをいいます。

```
batch_size = 128
epochs = 12

model.fit(x_train, y_train,batch_size=batch_size,epochs=epochs,verbose=1,
          validation_data=(x_test, y_test))
```

　グラフ描画ライブラリ Matplotlib を使って、学習の結果をグラフで表示します。accuracy のグラフでは acc は学習データから求めた正解率、val_acc は検証データから求めた正解率を表しています。loss のグラフでは、loss は学習データから求めた不正解の確率、val_acc は検証データから求めた不正解の確率を表しています。

○ 学習の結果

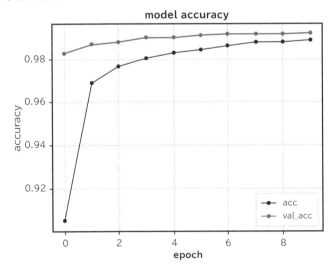

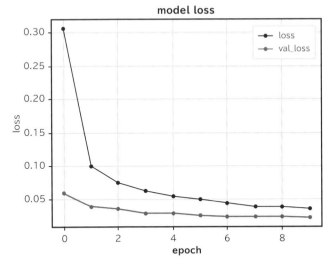

```
from matplotlib import pyplot as plt

# 結果をグラフで表示
def plot_graph(history):
    epochs = range(len(history.history['acc']))

    plt.plot(epochs,history.history['acc'], marker='.', label='acc')
    plt.plot(epochs,history.history['val_acc'], marker='.', label='val_
acc')
    plt.autoscale()
    plt.title('model accuracy')
    plt.grid()
    plt.xlabel('epoch')
    plt.ylabel('accuracy')
    plt.legend(loc='best')
    plt.savefig('./acc_graph.png')
    plt.show()

    plt.plot(epochs,history.history['loss'], marker='.', label='loss')
    plt.plot(epochs,history.history['val_loss'], marker='.', label='val_
loss')
    plt.autoscale()
    plt.title('model loss')
    plt.grid()
    plt.xlabel('epoch')
    plt.ylabel('loss')
    plt.legend(loc='best')
    plt.savefig('./loss_graph.png')
    plt.show()

plot_graph(history)
```

　ここまでで、Keras で畳み込みニューラルネットワークの学習を行うことができ
ました。

　最後に、学習モデルの保存と変換を行います。 学習モデルは、Keras のモデル
形式→ TensorFlow Lite のモデル形式→ kmodel のモデル形式の順に変換してい
きます。

　まず Keras の学習モデルを保存します。Keras の学習モデルは拡張子 "h5" です。

```
model.save("mnist.h5")
```

TensorFlow Lite コンバータで、Keras の学習モデルから、TensorFlow Lite の学習モデルに変換します。TensorFlow Lite の学習モデルの拡張子は "tflite" です。

```
converter = tf.lite.TFLiteConverter.from_keras_model_file('mnist.h5')
tflite_model = converter.convert()
open('mnist.tflite', "wb").write(tflite_model)
```

NNCase で、TensorFlow Lite の学習モデルを KPU の学習モデルに変換します。KPU の学習データの拡張子は "kmodel" です。NNCase は Python への組み込み関数ではなく外部のプログラムなので、外部のプログラムを呼び出す subprocess で起動します。

NNCase は、Ubuntu のコマンドでインストールします。

```
$ mkdir ./ncc
$ cd ./ncc
$ wget https://github.com/kendryte/nncase/releases/download/v0.1.0-rc5/
ncc-linux-x86_64.tar.xz
$ tar -Jxf ncc-linux-x86_64.tar.xz
```

Python のプログラムと同じパスに「images」という名前のフォルダを作成し、M5StickV で撮影した写真を1枚格納しておきます。写真からダイナミックレンジの補正を行います。

```
import subprocess
subprocess.run(['./ncc/ncc','my_mbnet.tflite','my_mbnet.kmodel','-i',
'tflite','-o','k210model','--dataset','images'])
```

ここまでで、KPU の MNIST の学習データ「mnist.kmodel」を作成することができました。

Kerasのプログラムを実行する

ここまでに解説した学習モデルを作成するプログラムの全体を掲載します。プログラムと同じ階層に、ダイナミックレンジ補正用画像を格納した「image」フォルダと NNCase をインストールした「ncc」フォルダを事前に用意する必要があります。

5-1 MNISTで手書き文字認識する学習モデルを作成するPythonプログラム

```python
from __future__ import print_function
import keras
from keras.datasets import mnist
from keras.models import Sequential
from keras.layers import Dense,Dropout,Flatten
from keras.layers import Conv2D, MaxPooling2D, ZeroPadding2D
from keras import backend as K
import tensorflow as tf
from matplotlib import pyplot as plt

# パラメータ
batch_size = 128
num_classes = 10
epochs = 10
img_rows, img_cols = 28, 28

# MNIST モデルを読み込み・整形
def prepare_mnist_data():
    (x_train, y_train), (x_test, y_test) = mnist.load_data()

    x_train = x_train.reshape(x_train.shape[0], img_rows, img_cols, 1)
    x_test = x_test.reshape(x_test.shape[0], img_rows, img_cols, 1)
    input_shape = (img_rows, img_cols, 1)
    x_train = x_train.astype('float32')
    x_test = x_test.astype('float32')
    x_train /= 255
    x_test /= 255
    print('x_train shape:', x_train.shape)
    print(x_train.shape[0], 'train samples')
    print(x_test.shape[0], 'test samples')
    y_train = keras.utils.to_categorical(y_train, num_classes)
    y_test = keras.utils.to_categorical(y_test, num_classes)
    return (x_train, y_train), (x_test, y_test)
```

```
(x_train, y_train), (x_test, y_test)=prepare_mnist_data()

model = create_mnist_model()

# モデル構成を表示
model.summary()

# アルゴリズムを設定
model.compile(loss=keras.losses.categorical_crossentropy,
              optimizer=keras.optimizers.Adadelta(),
              metrics=['accuracy'])

for layer in model.layers:
    print(layer.name)

# 学習開始
history=model.fit(x_train, y_train, batch_size=batch_size,
          epochs=epochs,verbose=1,
          validation_data=(x_test, y_test))

score = model.evaluate(x_test, y_test, verbose=0)
print('Test loss:', score[0])
print('Test accuracy:', score[1])

# 結果をグラフで表示
plot_graph(history)

#Keras モデル形式で保存
model.save("mnist.h5")

#Keras->TensorFlow Lite 形式に変換
converter = tf.lite.TFLiteConverter.from_keras_model_file('mnist.h5')
tflite_model = converter.convert()
open('mnist.tflite', "wb").write(tflite_model)

#TensorFlow Lite->kmodel 形式に変換
import subprocess
subprocess.run(['./ncc/ncc','my_mbnet.tflite','my_mbnet.kmodel','-i',
'tflite','-o','k210model','--dataset','images'])
```

5

M5StickVでディープラーニングを使ってみよう

M5StickVで実行する

MNIST とは、画像のクラス分け問題の入門として有名な、手書き数字のデータセットです。M5StickV に MNIST で学習したモデルを読み込ませると、手書きの数字を読み取って数字がいくつであるか、認識することができます。

M5StickV の SD カードに学習モデルをコピーして、MaixPy IDE と接続し、MaixPy から MNIST の学習モデルを読み込ませて、手書き文字を判別するプログラムを実行してみましょう。

5-2 MNISTで手書き文字を判別するMaixPyプログラム

```
import sensor,lcd,image
import KPU as kpu
# LCD とカメラの初期化
lcd.init()
lcd.rotation(2)
sensor.reset()
sensor.set_pixformat(sensor.RGB565)
sensor.set_framesize(sensor.QVGA)
sensor.set_windowing((224, 224))
# kmodel の読み込み
task = kpu.load("mnist.kmodel")
sensor.run(1)

while True:
    img = sensor.snapshot()
    lcd.display(img)              # カメラ画像を表示
    img1=img.to_grayscale(1)     # グレースケールに変換
```

```
img2=img1.resize(28,28)              #28x28 にリサイズ
a=img2.invert()                      # 反転する
a=img2.strech_char(1)                # 前処理を行う
lcd.display(img2,oft=(120,32))       #28x28 画像を表示
a=img2.pix_to_ai();                  #AI データに変換
fmap=kpu.forward(task,img2)          #KPU で CNN を演算する
plist=fmap[:]                        #10 個の数字の確率を取り出す
pmax=max(plist)                      # 最も確率の高いものを取り出す
max_index=plist.index(pmax)          # 数字を求める
# 結果を M5StickV に描画する
lcd.draw_string(0,0,"%d: %.3f"%(max_index,pmax),lcd.WHITE,lcd.BLACK)
```

　MaixPy では学習したモデルから、畳み込みニューラルネットワークを計算する
ための関数が用意されています。

```
import KPU as kpu
task = kpu.load(offset or file_path)
    offtset：フラッシュメモリでのアドレス（0xd00000）
    file_path：「/ sd / xxx.kmodel」などのファイルシステム内のファイル
名のどちらかの形式で指定する

fmap=kpu.forward(task,img,layer_No)
    畳み込みニューラルネットワークを行う
    kpu_net: kpu のネットワークオブジェクトを指定する
    image_t: カメラからの画像データを入力する
    layer_No: ネットワークの特定のレイヤーを指定する
    fmap: 特徴量ベクトルを出力する
```

5

M5StickVでディープラーニングを使ってみよう

MobileNetで クラス分類をする

M5StickV で「**MobileNet**」という畳み込みニューラルネットワークのモデルを使うことで、カメラに写っている物体がどんなものであるかをクラス分類します。Keras で MobileNet の学習モデルを作成し、M5StickV でクラス分類に挑戦してみましょう。

MobileNetとは？

「MobileNet」とは、モバイル／組み込み機器向けに設計された 1000 種類ものオブジェクトクラスの識別が可能な、畳み込みニューラルネットワークを使った画像識別モデルです。

M5StickV はメモリの大きさの制限が厳しく、PC やクラウド向けに一般的に公開されているモデルをそのまま使うと、M5StickV のメモリに入らなかったり、処理速度が遅くなってしまったり、モデルの大きさを削ると検出精度が落ちてしまったりという問題が起きてしまいます。

MobileNet は、「Depthwise Separable Convolutions」という畳み込みニューラルネットワークを使って実装されています。コンパクトながら、実用的な処理速度と検出精度で、物体の識別を行うことができます。

一般的に、深層学習では、数十万〜数百万という教師データを準備しなければなりません。この時間を節約するために、一度学習した学習のデータを別のものにも使い回すという転移学習が考案されました。MobileNet は 1000 種類もの物体を識別する学習済みのモデルが用意されており、転移学習を用いることで、データ量が少なくても精度のよい深層学習のモデルを構築することができます。

画像を用意する

　学習に使う教師データの画像を用意します。学習したい物体の写真をM5StickV
やカメラで撮影します。おおよそ1種類につき、30枚程度のデータが必要です。
撮影した画像と、訓練用と検証用に分け、物体ごとに異なるフォルダに格納します。

○ **教師データの画像（訓練用）**

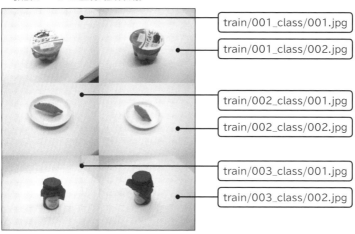

train/001_class/001.jpg

train/001_class/002.jpg

train/002_class/001.jpg

train/002_class/002.jpg

train/003_class/001.jpg

train/003_class/002.jpg

○ **教師データの画像（検証用）**

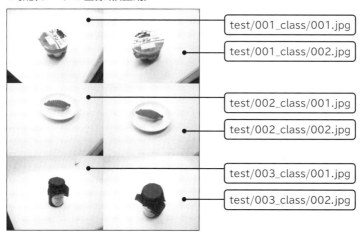

test/001_class/001.jpg

test/001_class/002.jpg

test/002_class/001.jpg

test/002_class/002.jpg

test/003_class/001.jpg

test/003_class/002.jpg

5

M5StickVでディープラーニングを使ってみよう

Ubuntu の中で、このようなファイル構成で画像ファイルを配置します。

```
dataset/
├─train/
│   ├─001_class
│   └─002_class
└─test
    ├─001_class
    └─002_class
        ├─001.jpg
        ├─002.jpg
        ├─003.jpg
        ├─004.jpg
        └─005.jpg
```

```python
IMAGE_WIDTH = 224
IMAGE_HEIGHT = 224
TRAINING_DIR = 'dataset/train'
VALIDATION_DIR = 'dataset/test'

imageGen=ImageDataGenerator(preprocessing_function=preprocess_input,
        validation_split = 0.2)
batch_size=128

train_generator=imageGen.flow_from_directory(TRAINING_DIR,
    target_size=(IMAGE_WIDTH,IMAGE_HEIGHT),color_mode='rgb',
    batch_size=batch_size,class_mode='categorical',
    shuffle=True, subset = "training")

validation_generator=imageGen.flow_from_directory(VALIDATION_DIR,
    target_size=(IMAGE_WIDTH,IMAGE_HEIGHT),color_mode='rgb',
    batch_size=batch_size,class_mode='categorical',
    shuffle=True,subset = "validation")
```

TensorFlow／KerasでMobileNetのモデルを読み込む

Kerasには、MobileNetの学習モデルを読み込む関数が用意されており、下記のURLからMobileNetの学習モデルを自動的にダウンロードできます。
https://github.com/sipeed/Maix-Keras-workspace

Kerasにもともと組み込まれているMobileNetの関数は、Kendryte K210とPaddingという処理の仕方が異なっているために、M5StickVで使うことができません。

そこで、Sipeed社がKendryte K210用に作成した関数を使います。Pythonのプログラムと同じ階層に「mobilenet_sipeed」というフォルダを作成し、その中に「mobilenet.py」を格納します。Pythonプログラムの中で「import mobilenet_sipeed.mobilenet」とすると、paddingを変更したMobileNetの関数を使うことができます。

```
from mobilenet_sipeed.mobilenet_v1 import MobileNet

mobilenet=MobileNet(input_shape=(IMAGE_WIDTH, IMAGE_HEIGHT, 3), alpha =
0.75,
    depth_multiplier = 1, dropout = 0.001,include_top = False,
    weights = "imagenet", classes = 1000, backend=keras.backend,
    layers=keras.layers,models=keras.models,utils=keras.utils)
```

M5StickVでディープ・ラーニングを使ってみよう

TensorFlow ／ Kerasでクラス分類のモデルを作成する

　新しい画像で学習して MobileNet のあとにクラス分類を出力するために、出力
層のレイヤーを追加します。プーリング層の GlobalAveragePooling2D 、ドロッ
プアウト層の Dropout、全結合層の Dense のレイヤーを追加しました。

```
x = mobilenet(input_image)
x=GlobalAveragePooling2D()(x)
x=Dense(100,activation='relu')(x)#
x=Dropout(0.1)(x)
x=Dense(50, activation='relu')(x)
preds=Dense(NUM_CLASSES, activation='softmax')(x)
mbnetModel=Model(inputs=input_image,outputs=preds)
```

ネットワークレイヤー	出力形式	パラメータの数
input_2 (InputLayer)	(None, 224, 224, 3)	0
mobilenet_0.75_224 (Model)	(None, 7, 7, 768)	1832976
global_average_pooling2d_1	(None, 768)	0
dense_1 (Dense)	(None, 100)	76900
dropout_1 (Dropout)	(None, 100)	0
dense_2 (Dense)	(None, 50)	5050
dense_3 (Dense)	(None, 3)	153

　MobileNet の学習済みのレイヤーは、訓練しないように設定します。上位のレ
イヤーを学習しないことで、学習にかかる時間を大幅に短縮することができます。

```
for layer in base_model.layers:
    layer.trainable = False
```

　mbnetModel.compile() でどのような学習処理を行うかを設定します。
　optimizer は、畳み込みニューラルネットワークのパラメータを最適化するた
めのアルゴリズムを選びます。SGD、RMSprop、AdaGrad、AdaDelta、Adam、
AdaMax のアルゴリズムなどが実装されています。
　loss は、畳み込みニューラルネットワークでの最適化のために誤差を最小化しよ

うとする損失関数です。マルチクラスの分類問題では categorical_crossentropy、
2 値分類問題では binary_crossentropy を使います。

　metrics は、学習の精度を評価する関数を指定します。分類問題では、accuracy
をよく使います。

```
mbnetModel.compile(optimizer='Adam',loss='categorical_crossentropy',
    metrics=['accuracy'])
```

　mbnetModel.fit() で畳み込みニューラルネットワークの学習を開始します。
　epochs は、学習を繰り返す回数です。同じデータセットを何度も再学習させる
ことでモデル内のパラメータをそのデータセットに合うよう自動的に調整します。
epochs が小さいと学習が収束する前に終わってしまい、epochs が大きいと過学
習という、そのデータセットに最適化されすぎて他のデータを与えるとうまく識別
できない現象が起きてしまいます。
　steps_per_epoch と validation_steps は、過学習を防ぐためにデータを小さく
分割します。小分けにしたデータを「サブバッチ」と呼びます。
　callback は、学習の途中で行う処理を実行することができます。学習が 1 エポッ
ク進むことに、途中で学習のパラメータを "weight.h5" に書き出す処理を実装し
ました。学習の途中で何か問題が起きた場合でも、途中から学習を再開することが
できます。

```
class Callback(tf.keras.callbacks.Callback):
    def on_epoch_end(self,epoch, logs=None):
        mbnetModel.save("weight.h5")
cb = Callback()

if os.path.isfile(os.path.join("weight.h5")):
    mbnetModel.load_weights(os.path.join("weight.h5"))

step_size_train = (train_generator.n//train_generator.batch_size)
validation_steps = (train_generator.n//train_generator.batch_size)

history=mbnetModel.fit_generator(generator=train_generator,
    steps_per_epoch=step_size_train, epochs=50,
    validation_data = validation_generator,
    validation_steps = validation_steps, verbose = 1,callbacks=[cb])
```

クラス分類の結果を評価する場合にConfusion Matrix（混同行列）を使います。Confusion Matrixは、正しく識別できたデータ数と誤って識別したデータ数を、行列で一覧に表示したものです。どこのオブジェクトがどこのオブジェクトに誤認識してしまったか、などの分析がConfusion Matrixを使うと直感的に行うことができます。

```python
validation_data=validation_generator
validation_data.reset()
validation_data.shuffle = False
validation_data.batch_size = 1

predicted = mbnetModel.predict_generator(validation_data,
    steps=validation_data.n)

predicted_classes = np.argmax(predicted, axis=-1)

cm = confusion_matrix(validation_data.classes, predicted_classes)
print(cm)
cm = cm.astype('float') / cm.sum(axis=1)[:, np.newaxis]
plt.figure(figsize=(12, 9))
sns.heatmap(cm, annot=True, square=True, cmap=plt.cm.Blues,
            xticklabels=validation_data.class_indices,
            yticklabels=validation_data.class_indices)
plt.title("Confusion Matrix")
plt.ylabel('True label')
plt.xlabel('Predicted label')
plt.show()
plt.savefig('./confusion_matrix.png')
```

Confusion Matrixは、正しく識別できたデータ数、誤って識別したデータ数を行列で一覧に表示したものです。

縦軸が正解データで、横軸が学習モデルで推論した結果です。左上から右下にかけての対角線上が正解した確率を示し、対角線上の確率が高いほど、よく学習できていることが確認できます。どこのオブジェクトがどこのオブジェクトに誤認識してしまったか、などの分析を直感的に行うことができます。

○ Confusion Matrix

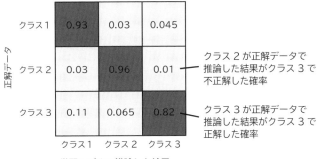

最後に、学習モデルの保存と変換を行います。学習モデルは Keras → TensorFlow Lite → kmodel の順に変換していきます。まず Keras の学習モデルを保存します。拡張子は "h5" です。

```
mbnetModel.save('my_mbnet.h5')
```

次に TensorFlow Lite コンバータで、Keras の学習モデルから TensorFlow Lite の学習モデルに変換します。拡張子は "tflite" です。

```
converter = tf.lite.TFLiteConverter.from_keras_model_file('my_mbnet.h5')
tflite_model = converter.convert()
open('my_mbnet.tflite', "wb").write(tflite_model)
```

NNCase で、TensorFlow Lite の学習モデルを Kendryte K210 の学習モデルに変換します。拡張子は "kmodel" です。NNCase は外部のプログラムを呼び出す subprocess で起動します。

```
import subprocess
subprocess.run(['./ncc/ncc','my_mbnet.tflite','my_mbnet.kmodel','-i',
'tflite','-o','k210model','--dataset','images'])
```

■TensorFlow ／ Kerasでクラス分類の学習を行う

ここまでの Keras での Python プログラムは、本書のサンプルプログラムに含まれています。プログラムをダウンロードして、実行してみましょう。

5-3 クラス分類の学習を行うubuntu_keras_mobilenet_train.py

```python
import keras,os
import numpy as np
from keras import backend as K, Sequential
from keras.optimizers import Adam
from keras.metrics import categorical_crossentropy
from keras.preprocessing.image import ImageDataGenerator
from keras.preprocessing import image
from keras.models import Model
from keras.applications import imagenet_utils
from keras.layers import Dense, GlobalAveragePooling2D, Dropout,Input
from keras.applications.mobilenet import preprocess_input
import tensorflow as tf
from mobilenet_sipeed.mobilenet import MobileNet
import matplotlib.pyplot as plt
from sklearn.metrics import confusion_matrix
import seaborn as sns

IMAGE_WIDTH = 224
IMAGE_HEIGHT = 224
TRAINING_DIR = 'dataset/train'
VALIDATION_DIR = 'dataset/train'
EPOCHS=30

# 画像データの読み込み
imageGen=ImageDataGenerator(preprocessing_function=preprocess_input,validation_
split = 0.4)
batch_size=4

train_generator=imageGen.flow_from_directory(TRAINING_DIR,
    target_size=(IMAGE_WIDTH,IMAGE_HEIGHT),color_mode='rgb',
    batch_size=batch_size,class_mode='categorical', shuffle=True, subset
= "training")

validation_generator=imageGen.flow_from_directory(VALIDATION_DIR,
    target_size=(IMAGE_WIDTH,IMAGE_HEIGHT),color_mode='rgb',
     batch_size=batch_size,class_mode='categorical', shuffle=True,subset
= "validation")

NUM_CLASSES=len(train_generator.class_indices)
```

```
# MobileNet モデルの読み込み
input_image = Input(shape=(IMAGE_WIDTH, IMAGE_HEIGHT, 3))
mobilenet=MobileNet(input_shape=(IMAGE_WIDTH, IMAGE_HEIGHT, 3), alpha =
0.75,depth_multiplier = 1,
 dropout = 0.001,include_top = False, weights = "imagenet", classes =
1000, backend=keras.backend,
 layers=keras.layers,models=keras.models,utils=keras.utils)

# 出力層の追加
x = mobilenet(input_image)
x=GlobalAveragePooling2D()(x)
x=Dense(100,activation='relu')(x)#
x=Dropout(0.1)(x)
x=Dense(50, activation='relu')(x)
preds=Dense(NUM_CLASSES, activation='softmax')(x)

mbnetModel=Model(inputs=input_image,outputs=preds)

for i,layer in enumerate(mbnetModel.layers):
    print(i,layer.name)

for layer in mobilenet.layers:
    layer.trainable = False

# モデル構成の表示
mbnetModel.summary()

# アルゴリズムを設定
mbnetModel.compile(optimizer='Adam',loss='categorical_crossentropy',
metrics=['accuracy'])

step_size_train = (train_generator.n//train_generator.batch_size)
validation_steps = (validation_generator.n//train_generator.batch_size)


# 途中経過を保存する
class Callback(tf.keras.callbacks.Callback):
    def on_epoch_end(self,epoch, logs=None):
        mbnetModel.save("weight.h5")

cb = Callback()
initial_epoch = 0

if os.path.isfile(os.path.join("weight.h5")):
    mbnetModel.load_weights(os.path.join("weight.h5"))

# 学習開始
```

5

M5StickVでディープラーニングを使ってみよう

```python
history=mbnetModel.fit_generator(generator=train_generator,
    steps_per_epoch=step_size_train, epochs=EPOCHS,
    validation_data = validation_generator,validation_steps = validation_
steps,
    verbose = 1,callbacks=[cb])

#Confusion Matrix の作成
validation_data=validation_generator

validation_data.reset()
validation_data.shuffle = False
validation_data.batch_size = 1

predicted = mbnetModel.predict_generator(validation_data, steps=validation_
data.n)
predicted_classes = np.argmax(predicted, axis=-1)

cm = confusion_matrix(validation_data.classes, predicted_classes)
print(cm)
cm = cm.astype('float') / cm.sum(axis=1)[:, np.newaxis]
plt.figure(figsize=(12, 9))
sns.heatmap(cm, annot=True, square=True, cmap=plt.cm.Blues,
            xticklabels=validation_data.class_indices,
            yticklabels=validation_data.class_indices)
plt.title("Confusion Matrix")
plt.ylabel('True label')
plt.xlabel('Predicted label')
plt.show()
plt.savefig('./confusion_matrix.png')

#Keras モデル形式で保存
mbnetModel.save('my_mbnet.h5')

#Keras->TensorFlowLite 形式に変換
converter = tf.lite.TFLiteConverter.from_keras_model_file('my_mbnet.h5')
tflite_model = converter.convert()
open('my_mbnet.tflite', "wb").write(tflite_model)

#TensorFlowLite->kmodel 形式に変換
import subprocess
subprocess.run(['./ncc/ncc','my_mbnet.tflite','my_mbnet.kmodel','-i',
'tflite','-o','k210model','--dataset','images'])
```

M5StickVでクラス分類を実行する

　作成した kmodel 形式の学習モデルを M5StickV の SD カードもしくはフラッシュメモリに書き込み、M5StickV を MaixPy IDE と接続し、画像をクラス分類する MaixPy を実行してみましょう。

◎M5StickVでクラス分類を実行する

5-4 M5StickVでクラス分類を推論するMaixPyプログラム

```
import sensor, image, lcd, time
import KPU as kpu

# LCD とカメラの初期化
lcd.init()
lcd.rotation(2)
lcd.clear()
sensor.reset()
sensor.set_pixformat(sensor.RGB565)
sensor.set_framesize(sensor.QVGA)
sensor.set_windowing((224, 224))
sensor.run(1)

# クラスを定義する
labels = ['001_class', '002_class', '003_class']

# kmodel の読み込み
task = kpu.load("my_mbnet.kmodel")
clock = time.clock()
```

M5StickVでディープラーニングを使ってみよう

5

```
while(True):
    img = sensor.snapshot()
    clock.tick()
    fmap = kpu.forward(task, img)        #KPU で CNN を演算する
    fps=clock.fps()
    plist=fmap[:]                        # オブジェクトのクラスごとの確率を取り出す
    pmax=max(plist)                      # 最も確率の高いものを取り出す
    max_index=plist.index(pmax)
    a = lcd.display(img)
    # 結果を M5StickV に描画する
    lcd.draw_string(10, 96, "%.2f:%s"%(pmax, labels[max_index].strip()))
    print(fps)
a = kpu.deinit(task)
```

　MobileNet の学習モデルを使ってクラス分類を求める場合は、MNIST での学習と同じく、MaixPy では学習したモデルから、畳み込みニューラルネットワークを計算するための関数を使います。

```
import KPU as kpu
task = kpu.load(offset or file_path)
    offftset：フラッシュメモリでのアドレス（0xd00000）
    file_path：「/ sd / xxx.kmodel」などのファイルシステム内のファイル名のどちらか
の形式で指定する

fmap=kpu.forward(task,img,layer_No)
    畳み込みニューラルネットワークを行う
    kpu_net: kpu のネットワークオブジェクトを入力する
    image_t: カメラからの画像データを入力する
    layer_No: ネットワークの特定のレイヤーを指定する
    fmap: 特徴量ベクトルを出力する
```

クラス分類のデータセット

　ディープラーニングで学習をするためには、大量の画像を集めなくてはいけません。画像を自分で撮影して集められればそれに越したことはありませんが、これは大変手間がかかることです。ここでは、学習用のクラス分類のデータセットを紹介します。

■Flower Photos Dataset

https://www.tensorflow.org/tutorials/load_data/images

Tensorflow が用意している、花の名前の付いたデータセットです。daisy（ヒナギク）、dandelion（タンポポ）、roses（バラ）、sunflowers（ヒマワリ）、tulips（チューリップ）の 5 種類の花の名前が付いたディレクトリがあり、各ディレクトリには画像ファイルが 600 ～ 900 枚程度入っています。

■Kaggle Cats and Dogs Dataset

https://www.kaggle.com/c/dogs-vs-cats

Kaggle で行われた猫と犬とを見分ける機械学習のコンペティション用に用意された、犬と猫の画像ファイルが 1 万 2500 枚ずつ入っているデータセットです。

■Food 101 Dataset

https://data.vision.ee.ethz.ch/cvl/datasets_extra/food-101/

101 種類の料理を分類する学習モデルを作るためのデータセットです。750 枚ずつの学習用の画像と、250 枚ずつの手動でレビューされたテスト画像が用意されています。もともとはランダムフォレストの研究に使われていたデータセットです。なお、この学習用のデータの中には、ラベルが間違ったものが含まれています。

■ImageNet ILSVRC2012 Dataset

http://image-net.org/challenges/LSVRC/2012/

コンピューターによる物体認識の精度を競う国際コンテスト「ImageNet Large Scale Visual Recognition Challenge 2012（ILSVRC2012）」で使われたデータセットです。2012 年、トロント大学の SuperVision チームがディープラーニングを用いて、ダントツの認識率をマークしたことから、ディープラーニングが一躍有名になりました。

Keras の MobileNet で 1000 クラスのクラス分類を行うようにパラメータを指定すると、このデータセットを使って作られた学習データがダウンロードされます。

5

M5StickVでディープラーニングを使ってみよう

YOLOv2で
オブジェクト検出をする

　M5StickV では、**YOLOv2** という畳み込みニューラルネットワークのモデルを使うと、カメラに写っている物体がどんな種類のものかだけでなく、物体の位置と大きさも検出することができます。ここでは、Keras で YOLOv2 の学習モデルを作成し、M5StickV でオブジェクト検出する方法を紹介します。

YOLOv2 とは？

　YOLOv2 はリアルタイムに物体を検出するためのアルゴリズムです。YOLO は「You Only Look Once」の略で、従来の画像処理でよく使われている検出窓をスライドさせる仕組みを用いず、畳み込みニューラルネットワークに通すことで、画像全体から直接オブジェクトの種類と位置を同時に検出します。

○**YOLOv2**

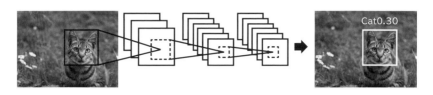

Cat0.30

■画像とアノテーションを用意する

　YOLOv2 の学習のために、画像とアノテーションを用意します。画像は jpg 形式、アノテーションは PASCAL VOC と呼ばれる xml 形式で格納します。

　アノテーションとは、対象となるデータに対して、対象物の名前や座標といった情報を注釈として与えるデータのことです。YOLOv2 で訓練された畳み込みニューラルネットワークは、画像を与えると、対象物の名前や座標を出力することができるようになります。おおよそ 1 種類につき、100 セット程度のデータが必要です。

○ **画像とアノテーション**

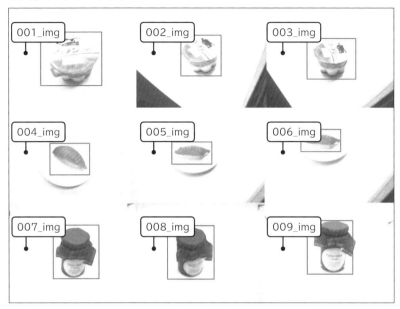

```
dataset/
 ├image/train
 │  ├001_img.jpg
 │  ├002_img.jpg
 │  ├003_img.jpg
 │  ├004_img.jpg
 │  └005_img.jpg
 └annotation/train/
    ├001_img.xml
    ├002_img.xml
    ├003_img.xml
    ├004_img.xml
    └005_img.xml
```

5

M5StickVでディープ・ラーニングを使ってみよう

アノテーションを作成する

　アノテーションを作成する作業には、「LabelImg」を使います。以下の URL（GitHub の LabelImg のページ）からダウンロードします。

　https://github.com/tzutalin/labelImg

　Windows でアノテーションを作る場合は、Windows 用のバイナリをダウンロードします。本書では、LabelImg v1.8.1 を使って解説します。

◦LabelImgのダウンロード

　LabelImg をインストール、起動すると次のような画面になります。

◉ LabelImgでアノテーション作成

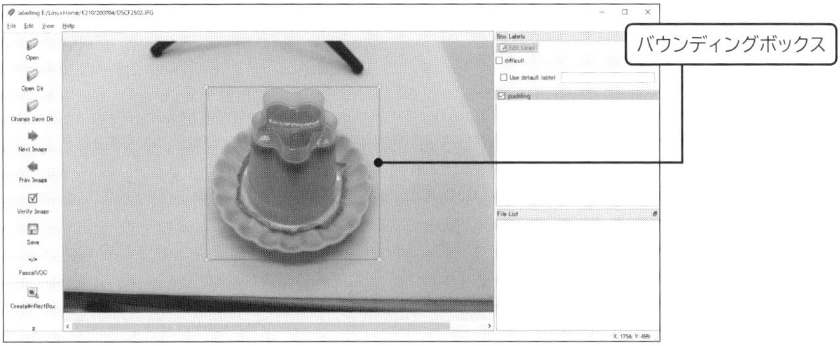

バウンディングボックス

　LabelImg は直感的にアノテーションを付けることができるツールです。「OpenDir」で画像が格納されているディレクトリを保存先として指定し、「Change Save Dir」でアノテーションの保存先のディレクトリを指定します。「Create¥nRectBOX」を押して、マウスでオブジェクトの左上の場所と右下の場所をクリックし、バウンディングボックス（オブジェクトの周りの枠）がオブジェクトを囲むように設定します。

　YOLOv2 では、画像とバウンディングボックスの座標と大きさを学習のための教師データとして用意します。保存形式は PASCAL VOC 形式と YOLO 形式から選べますが、本書では PASCAL VOC 形式を選びます。

　PASCAL VOC 形式は、アノテーションを次のようなテキストデータとして保存します。

```
<annotation>
    <folder>train</folder>
    <filename>001_img.jpg</filename>
    <path>/dataset/001_img.jpg</path>
    <size>
        <width>375</width>
        <height>500</height>
        <depth>3</depth>
    </size>
    <object>
        <name>class-1</name>
        <bndbox>
            <xmin>63</xmin>
            <ymin>136</ymin>
            <xmax>235</xmax>
```

5

M5StickVでディープラーニングを使ってみよう

```
            <ymax>411</ymax>
        </bndbox>
    </object>
</annotation>
```

TensorFlow ／ KerasでYOLOv2のモデルを読み込む

　YOLOv2 は、入力画像をグリッドに分割した上で、グリッドごとに特徴ベクトルを算出し、グリッドの特徴ベクトルから対象オブジェクトが含まれているかどうかを判定し、グリッドごとの結果を統合して、オブジェクトを包括するバウンディングボックスを求めます。

　Keras で YOLOv2 を学習するプログラムは、experiencor 氏の basic-yolo-keras を元に、penny4860 氏がソースコード構造をリファクタリングしたプロジェクトを参考としています。

・**experiencor 氏の basic-yolo-keras GitHub**
https://github.com/experiencor/keras-yolo2
・**penny4860 氏の Yolo-digit-detector GitHub**
https://github.com/penny4860/Yolo-digit-detector/

○YOLOv2のモデル

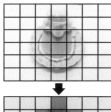

入力画像をグリッドに分割

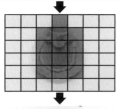

グリットごとに対象オブジェクトが
含まれるかどうかを判定

バウンディングボックスを求める

　YOLOv2 では、各グリッドで特徴ベクトルを出すネットワークに、「AlexNet」や「ResNet-50」などの畳み込みニューラルネットワークのベースモデルを使うことができますが、Kendryte K210 では、画像を読み込むためのバッファとMaixPy のファームウェア、Kendryte K210 の学習モデルを含めて、KendryteK210 のメモリ容量 8MB に収めなくてはならないという制約があります。

ニューラルネットワークモデル	サイズ	Kendryte K210 への実装
Inception-ResNet	55MB	×
ResNet-50	23MB	×
Inception-v3	22MB	×
AlexNet	22MB	×
Xception	21MB	×
MobileNet	3MB	○

　上記の表から、Kendryte K210 では畳み込みニューラルネットワークのベースモデルに MobileNet を用いることが適しているとわかります。MobileNet をベースとして、バウンディングボックスを求めるニューラルネットワークのモデルをKeras で作成していきます。

```
input_image = Input(shape=(IMAGE_SIZE, IMAGE_SIZE, 3))

mobilenet = MobileNet(input_shape=(IMAGE_SIZE,IMAGE_SIZE,3),
 alpha = 0.75,depth_multiplier = 1, dropout = 0.001, include_top=False,
 weights = 'imagenet', classes = 1000,  backend=keras.backend,
  layers=keras.layers,models=keras.models,utils=keras.utils)

feature_extractor = mobilenet(input_image)
output_tensor = Conv2D(BOX * (4 + 1 + CLASS), (1,1), strides=(1,1),
                    padding='same',
                      name='detection_layer_{}'.format(BOX * (4 + 1 +
CLASS)),
                            kernel_initializer='lecun_normal')(feature_
extractor)

output_tensor = Reshape((GRID, GRID, BOX, 4 + 1 + CLASS))(output_tensor)
model = Model(input_image, output_tensor)
model.summary()
```

M5StickVでディープラーニングを使ってみよう

入力画像を MobileNet のレイヤーに入れ、MobileNet の後段で、分割したグリッドごとにクラス確率を求める形のレイヤーに変換します。

ネットワークレイヤー	出力形式	パラメータの数
input_1 (InputLayer)	(None, 224, 224, 3)	0
mobilenet_0.75_224 (Model)	(None, 7, 7, 768)	1832976
detection_layer_30 (Conv2D)	(None, 7, 7, 30)	23070
reshape_1 (Reshape)	(None, 7, 7, 5, 6)	0

まだ、学習をしていないレイヤーの重みを初期化します。学習をする前は、レイヤーの重みの最適値はわからないため、初期値は乱数を与えます。

```
layer = model.layers[-2]
weights = layer.get_weights()
new_kernel = np.random.normal(size=weights[0].shape)/(IMAGE_H*IMAGE_W)
new_bias   = np.random.normal(size=weights[1].shape)/(IMAGE_H*IMAGE_W)
layer.set_weights([new_kernel, new_bias])
```

画像とアノテーションは訓練用と精度評価用のデータに分け、それぞれにフォルダを作成して、画像とアノテーションを格納しておきます。格納しておいた画像とアノテーションを Keras で読み込み、「サブバッチ」に小分けします。

```
from utils.annotation import get_train_annotations

# 学習に使うデータセットの格納場所
train_image_folder = './dataset/image/train/'
train_annot_folder = './dataset/annotation/train/'
valid_image_folder = ''
valid_annot_folder = ''

train_annotations, valid_annotations = get_train_annotations(LABELS,
                train_image_folder,train_annot_folder,
                valid_image_folder,valid_annot_folder,is_only_detect)

train_batch_generator = create_batch_generator(train_annotations,
                    IMAGE_SIZE,  GRID,BATCH_SIZE,ANCHORS,
                    train_times,jitter=jitter,norm=normalize)
```

```
valid_batch_generator = create_batch_generator(valid_annotations,
                    IMAGE_SIZE,  GRID,BATCH_SIZE,ANCHORS,
                    train_times,jitter=jitter,norm=normalize)
```

　model.compile() で損失関数と最適化アルゴリズムを指定します。YOLOv2 の損失関数は、バウンディングボックスの位置や大きさ、クラス分類での誤差を足した評価値を返します。model.fit() で、学習のパラメータを設定して、学習を開始します。

```
yolo_loss = YoloLoss(GRID,CLASS,ANCHORS,COORD_SCALE,CLASS_SCALE,
                    OBJECT_SCALE,NO_OBJECT_SCALE)
custom_loss = yolo_loss.custom_loss(BATCH_SIZE)
optimizer = Adam(lr=1e-4, beta_1=0.9, beta_2=0.999, epsilon=1e-08,
decay=0.0)
model.compile(loss=custom_loss, optimizer=optimizer)
history=model.fit_generator(generator        = train_batch_generator,
                steps_per_epoch   = len(train_batch_generator),
                validation_data   = valid_batch_generator,
                validation_steps  = len(valid_batch_generator),
                epochs            = 30,
                verbose           = 1,
                max_queue_size    = 3)
```

　学習が終わり次第、Keras 形式 → TensorFlow Lite 形式と変換して保存します。最後のレイヤーの名前に「/BiasAdd」を付け加えていますが、これは NNCase で YOLOv2 の学習モデルを変換するために必要な処理です。NNCase で TensorFlow Lite 形式 → kmodel 形式と Kendryte K210 の学習モデルのフォーマットへ変換します。

```
output_node_names = [node.op.name for node in model.outputs]
input_node_names = [node.op.name for node in model.inputs]
output_layer = model.layers[2].name+'/BiasAdd'
model.save("my_yolo.h5",include_optimizer=False)

converter = tf.lite.TFLiteConverter.from_keras_model_file("my_yolo.h5",
        output_arrays=[output_layer])tflite_model = converter.convert()
open('my_yolo.tflite', "wb").write(tflite_model)

import subprocess
subprocess.run(['./ncc/ncc','my_mbnet.tflite','my_mbnet.kmodel'
,'-i','tflite','-o','k210model','--dataset','images'])
```

■TensorFlow／Kerasで学習を開始する

　ここまでの Keras での Python プログラムは、本書のサンプルプログラムに含まれています。プログラムをダウンロードして、実行してみましょう。

`5-5` YOLOv2でオブジェクト検出の学習を行うPythonプログラム

```python
import keras
from keras.models import Model
from keras.layers import Reshape, Conv2D, Input
from keras.optimizers import Adam
import keras.backend as K
import tensorflow as tf
import numpy as np
import os, cv2
from yolo_utils.annotation import get_train_annotations
from yolo_utils.batch_gen import create_batch_generator
from yolo_utils.loss import YoloLoss
from mobilenet_sipeed.mobilenet import MobileNet

LABELS = ["001_classes","002_classes","003_classes"] # オブジェクトの名前

IMAGE_H, IMAGE_W = 224, 224          # 画像のサイズ
GRID_H,  GRID_W  = 7 , 7             # 確率 MAP のサイズ
CLASS            = len(LABELS)       # 検出オブジェクトの数
CLASS_WEIGHTS    = np.ones(CLASS, dtype='float32')    # 検出オブジェクトの確率
# アンカーボックス
ANCHORS          = [0.57273, 0.677385, 1.87446, 2.06253, 3.33843,
                5.47434, 7.88282, 3.52778, 9.77052, 9.16828]
BOX              = int(len(ANCHORS)/2)        # アンカーボックスの大きさ
BATCH_SIZE       = 1                          # 学習データを小分けにする数

# 学習に使うデータセットの格納場所
train_image_folder = './dataset/image/train/'
train_annot_folder = './dataset/annotation/train/'
valid_image_folder = ''
valid_annot_folder = ''

#MobileNet ベースの YOLOv2 のモデルを作成
input_image = Input(shape=(IMAGE_H, IMAGE_W, 3))

mobilenet = MobileNet(input_shape=(IMAGE_H,IMAGE_W,3),
 alpha = 0.75,depth_multiplier = 1, dropout = 0.001, include_top=False,
 weights = 'imagenet', classes = 1000,  backend=keras.backend,
  layers=keras.layers,models=keras.models,utils=keras.utils)

feature_extractor = mobilenet(input_image)
```

```
output_tensor = Conv2D(BOX * (4 + 1 + CLASS), (1,1), strides=(1,1),
                    padding='same',
                        name='detection_layer_{}'.format(BOX * (4 + 1 +
CLASS)),
                            kernel_initializer='lecun_normal')(feature_
extractor)

output_tensor = Reshape((GRID_H, GRID_W, BOX, 4 + 1 + CLASS))(output_
tensor)
model = Model(input_image, output_tensor)

# 学習をしていないレイヤーの重みを初期化
layer = model.layers[-2]
weights = layer.get_weights()
new_kernel = np.random.normal(size=weights[0].shape)/(IMAGE_H*IMAGE_W)
new_bias   = np.random.normal(size=weights[1].shape)/(IMAGE_H*IMAGE_W)
layer.set_weights([new_kernel, new_bias])

model.summary()

# 画像とアノテーションをバッチ化

train_times=1     # 学習を繰り返す回数
valid_times=1     # 訓練を繰り返す回数
jitter=True       # 学習画像を X,Y 方向に動かしてノイズを与える

def normalize(image):
    image = image / 255.
    image = image - 0.5
    image = image * 2.
    return image

train_annotations, valid_annotations = get_train_annotations(LABELS,train_
image_folder,train_annot_folder,valid_image_folder,valid_annot_folder)

train_batch_generator = create_batch_generator(train_annotations,IMAGE_
H,GRID_H,BATCH_SIZE,ANCHORS,train_times,jitter=jitter,norm=normalize)

print("train_annotations")
print(len(train_annotations))
print("valid_annotations")
print(len(valid_annotations))

valid_batch_generator = create_batch_generator(valid_annotations,IMAGE_
H,GRID_H,BATCH_SIZE,ANCHORS,train_times,jitter=jitter,norm=normalize)

# 損失関数と最適化アルゴリズムの設定
```

5

M5StickVでディープラーニングを使ってみよう

```python
# アンカーボックスのオブジェクトのある部分の予測誤差にペナルティを科す係数
NO_OBJECT_SCALE   = 1.0
# アンカーボックスのオブジェクトのない部分の予測誤差にペナルティを科す係数
OBJECT_SCALE      = 5.0
# 位置とサイズの予測（x、y、w、h）の誤差にペナルティを科す係数
COORD_SCALE       = 1.0
# クラス予測の誤差にペナルティを科す係数
CLASS_SCALE       = 1.0

yolo_loss = YoloLoss(GRID_H,CLASS,ANCHORS,COORD_SCALE,CLASS_SCALE,
                     OBJECT_SCALE,NO_OBJECT_SCALE)
custom_loss = yolo_loss.custom_loss(BATCH_SIZE)
optimizer = Adam(lr=1e-4, beta_1=0.9, beta_2=0.999, epsilon=1e-08,
decay=0.0)
model.compile(loss=custom_loss, optimizer=optimizer)

# 学習開始
history=model.fit_generator(generator        = train_batch_generator,
                    steps_per_epoch  = len(train_batch_generator),
                    validation_data  = valid_batch_generator,
                    validation_steps = len(valid_batch_generator),
                    epochs           = 50,
                    verbose          = 1,
                    max_queue_size   = 3)

#Keras モデル形式で保存
output_node_names = [node.op.name for node in model.outputs]
input_node_names = [node.op.name for node in model.inputs]
output_layer = model.layers[2].name+'/BiasAdd'
model.save("my_yolo.h5",include_optimizer=False)

#Keras->TensorFlowLite 形式に変換
converter = tf.lite.TFLiteConverter.from_keras_model_file("my_yolo.
h5",output_arrays=[output_layer])
tflite_model = converter.convert()
open('my_yolo.tflite', "wb").write(tflite_model)

#TensorFlowLite->kmodel 形式に変換
import subprocess
subprocess.run(['./ncc/ncc','my_yolo.tflite','my_yolo.kmodel'
,'-i','tflite','-o','k210model','--dataset','images'])
```

M5StickVでYOLOv2のオブジェクト検出を実行する

作成した学習モデル kmodel を SD カードまたはフラッシュメモリに格納し、MaixPy IDE と接続して、YOLOv2 でのオブジェクト認識を実行しましょう。

◎M5StickVでオブジェクト検出を実行する

5-6 M5StickVでオブジェクトを検出するMaixPyプログラム

```
import sensor,image,lcd
import KPU as kpu

# LCD とカメラの初期化
lcd.init()
sensor.reset()
sensor.set_pixformat(sensor.RGB565)
sensor.set_framesize(sensor.QVGA)
sensor.set_windowing((224, 224))
sensor.set_vflip(1)
sensor.run(1)
classes = ["class-1","class-2","class-3"]

#YOLOv2 の Kmodel を読み込む
task = kpu.load("my_yolo.kmodel")

# アンカーを設定する
anchor = (0.57273, 0.677385, 1.87446, 2.06253, 3.33843,
        5.47434, 7.88282, 3.52778, 9.77052, 9.16828)

#YOLOv2 を初期化する
a = kpu.init_yolo2(task, 0.2, 0.3, 5, anchor)
```

5

M5StickVでディープラーニングを使ってみよう

```
while(True):
    img = sensor.snapshot()
    #YOLOv2 で物体検出を行う
    code = kpu.run_yolo2(task, img)
    # 物体がある場合には矩形で囲む
    if code:
        for i in code:
            a=img.draw_rectangle(i.rect(),color = (0, 255, 0))
            a = img.draw_string(i.x(),i.y(), classes[i.classid()],
            color=(255,0,0), scale=3)
        a = lcd.display(img)
    else:
        a = lcd.display(img)
a = kpu.deinit(task)
```

　MaixPy では YOLOv2 を扱うための関数が用意されています。

```
kpu.init_yolo2(task, threshold, nms_value, anchor_num, anchor)
    task: kpu のネットワークオブジェクトを入力する
    threshold: 推論の閾値
    nms_value: bounding 探索の閾値
     anchor_num: YOLOv2 は anchor と呼ばれるアスペクト比一定の探索用 bounding box
を持つ。anchor の数を指定する
    anchor:anchor のパラメータを指定する

list = kpu.run_yolo2(task, img)
    YOLOv2 で物体検出を行う
    list：検出した物体のバウンディングボックスのリストを返す
    kpu_net ： kpu のネットワークオブジェクトを入力する
    image_t ：画像データを入力する
```

オブジェクト検出のデータセット

　YOLOv2 で学習するためには、画像を用意する他にバウンディングボックスの位置を示すアノテーションを作る必要があり、手間がかかります。ここではYOLOv2 学習のための、画像とアノテーションがセットになっているオブジェクト認識のデータセットを紹介します。

■Raccoon Detector Dataset
https://github.com/datitran/raccoon_dataset
　アライグマの画像と VOC 形式のアノテーションが 200 セット格納されているデータセットです。

■The Street View House Numbers (SVHN) Dataset
http://ufldl.stanford.edu/housenumbers/
　自動車のナンバープレートを認識するためのデータセットです。Google ストリートビュー画像の家の番号から取得されます。一桁以上のラベル付けされた、60 万個以上の画像が組み込まれています。

■The PASCAL VOC 20 class Dataset
http://host.robots.ox.ac.uk/pascal/VOC/
　PASCAL VOC は、2005 年から 2012 年まで開催されていた画像認識のコンテストです。ベンチマークとして 2007 年、2010 年、2012 年のデータセットがよく使われています。PASCAL VOC の 2007 年と 2012 年は、コンテストの 1 種目として、物体検出する「Detection」が競われました。本書の YOLOv2 の学習で使ってきたアノテーションのフォーマットは、ここで使われていたものです。写真と 20 クラスの物体検出をするためのアノテーションが含まれています。
　Sipeed 社のホームページで配布されている、YOLOv2 で 20 クラスの物体検出を行うサンプルは、このデータセットを使って作られています。

5

M5StickVでディープラーニングを使ってみよう

M5Stack のクラウドサービス V-Training

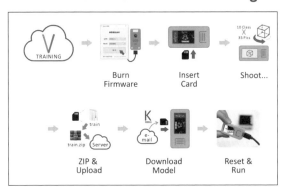

M5Stack は、M5StickV の学習モデルをクラウド上で作成できる V-Training のサービスを開始しています。

V-Training は、MobileNet でのクラス分類モードと、YOLOv3 での物体検出モードを選択することができ、この章の内容とほとんど同じことをオンライン上で行うことができます。Ubuntu と Keras がインストールされた PC がなくても、簡単に学習モデルを作れます。V-Training のサーバ上に画像データとアノテーションをアップロードし、学習モデルをダウンロードするという流れになっています。素晴らしいサービスですが、モデルの構造を自由にカスタマイズすることはできず、サーバが海外にあるため、日本からの接続だとデータの送受信に時間がかかるという課題があります。

・**V-Training**
http://v-training.m5stack.com/

Section 05 M5StickVでプリンを 見守ってみよう

プリン・ア・ラートVとは？

せっかく取っておいたプリンを家族に食べられてしまった！そんな家庭の危機に活躍するプリン・ア・ラート。

ここまでの章ではM5StackやM5StickCを使い、プリンの重さから盗まれたことを判定する仕組みを紹介してきました。しかし、"プリンがあるかないか"を重さで判別するだけでは、例えば、プリンが置かれていたところへ同じ重さの別の物体を置かれてしまうと判別ができないという欠点がありますね。

そこで、M5StickVを活用して、プリンがあるかどうかをAIの画像処理で見分ける、「プリン・ア・ラートV」を作ってみました。

○ プリン・ア・ラートV

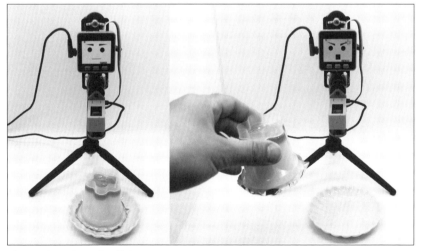

プリンを盗むと怒った顔で警告する

プリンを見守るには？

　プリンとひとえにいっても、いろいろな種類があります。例えば、スーパーでいつも買うお気に入りのプリンが売り切れだった、今日はプリンは守れないわ！　そんな悲劇は未然に防がねばなりません。

○ いろいろなプリン

　TensorFlow ／ Keras などのディープラーニングのフレームワークを、処理速度の速い PC やクラウドを使って学習モデルを作り、学習モデルを使って M5StickV で推論を行うという使い方が一般的です。しかし、今回のようにプリンが盗まれたことをすぐに検出するためには、M5StickV がその場で学習もすることが重要と考えました。

プリンをその場で学習する

　M5StickV の Kendryte K210 で演算する畳み込みニューラルネットワークは、画像に畳み込みフィルタをかけて次元数を減らしていく処理を行っており、最後にクラス分類をする手前の階層には、その物体の特徴を表すベクトルが格納されています。
　例えば、プリンから作った特徴ベクトルを取り出すと、似たようなプリンとは近いベクトルになります。一方でプリンとは全く異なる杏仁豆腐やタピオカドリンク

などと入れ替えると、プリンとは距離の離れた特徴ベクトルとなります。たくさんの物体を見分けるように訓練された学習モデルは、さまざまな物体を見分けるために最適化された特徴ベクトルを作成してくれるのです。

○ **プリンの特徴ベクトル**

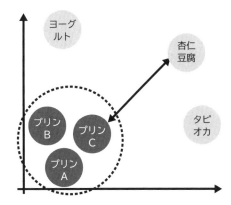

プリンとカテゴライズされるもの同士は特徴ベクトルが近く、プリンでないものは特徴ベクトルが遠い

■ニューラルネットワークの途中の層を取り出す

　Sipeed社が提供するkmodelに含まれているMobileNetで1000個の物体をクラス分類する学習データのニューラルネットワークの構造を、Kendryte K210で読み込んで確認してみました。

　KPUでは、ニューラルネットワークの計算途中の特徴ベクトルを簡単に取り出すことができます。

　29番目のプーリング層の特徴ベクトルを取り出してみましょう。

```
# 層の途中の計算結果を出力する
task = kpu.load("mbnet75.kmodel")
layer_index=29
kpu.set_layers(task, layer_index)
```

MobileNet の学習モデル「mbnet75.kmodel」は、Sipeed のダウンロードサイトから入手することができます。以下の URL から「MaixPy 0.3 demo firmware.zip」をダウンロードし、解凍すると、「mbnet75.kmodel」が格納されています。
　https://dl.sipeed.com/MAIX/MaixPy/release/maixpy_v0.3.0
　「MobileNet でクラス分類をする（P.178 〜）」で作成した学習モデルの kmodel のファイルを使って進めることもできます。

　この層の特徴ベクトルが、一体どんなものか、可視化してみました。M5StickV の LCD ディスプレイの中で、左半分がカメラ画像、右半分が 768 次元の特徴ベクトルを 32x24 ピクセルの画像に加工したものです。カメラの前にものを置いたり、置いたものを別の場所に動かしたりすると、特徴ベクトルの明るさが変わり、ものによって明るくなる場所が変わることがわかります。

○**特徴ベクトルの可視化**

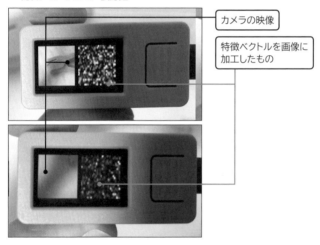

5-7 特徴ベクトルを可視化するMaixPyプログラム

```
import image, lcd, sensor
import KPU as kpu
from fpioa_manager import fm
```

```
#M5StickV の LCD/ カメラ / ボタンを初期化する
def m5stickv_init():
    lcd.init()
    lcd.rotation(2)
    sensor.reset()
    sensor.set_pixformat(sensor.RGB565)
    sensor.set_framesize(sensor.QVGA)
    sensor.set_windowing((224, 224))
    sensor.run(1)
    fm.register(board_info.BUTTON_A, fm.fpioa.GPIO1)
    but_a=GPIO(GPIO.GPIO1, GPIO.IN, GPIO.PULL_UP)
    fm.register(board_info.BUTTON_B, fm.fpioa.GPIO2)
    but_b = GPIO(GPIO.GPIO2, GPIO.IN, GPIO.PULL_UP)

m5stickv_init()

but_a_pressed = 0
but_b_pressed = 0

dummyImage = image.Image()
dummyImage = dummyImage.resize(32, 24)
kpu_dat = dummyImage.to_grayscale(1)

#MobileNet の Kmodel を読み込む
task = kpu.load("mbnet75.kmodel")
# 層の途中の計算結果を出力する
set=kpu.set_layers(task,29)

while(True):
    img = sensor.snapshot()
    #KPU で演算する
    fmap = kpu.forward(task, img)
    plist=fmap[:]
    # 特徴ベクトルの可視化
    for row in range(32):
        for col in range(24):
            kpu_dat[24*row+col] = int(plist[row*24+col]*100)
    img2=img.resize(100,100)
    img3=kpu_dat.resize(100,100)
    # 画像特徴ベクトルを表示
    lcd.display(img2,oft=(10,16))
    lcd.display(img3,oft=(120,16))
```

5

M5StickVでディープラーニングを使ってみよう

■プリンがそこにあるかないかを見分ける

　プリンの特徴ベクトルを観測すると、学習データに含まれていない新しい物体であっても、ベクトルの距離を観測することで、そこに置いてあるのか、もしくは盗まれてしまったのか、といった判別が可能になります。

　A ボタンを押したときに M5StickV の前にあるものを学習し、同じものが置いてあれば LCD に青い長方形を表示し、置いていなければ赤い長方形を表示するプログラムを用意してみました。

○特徴ベクトルとの距離で判定する

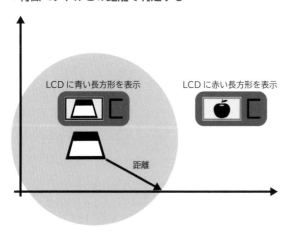

```
# 特徴ベクトルを観測
set=kpu.set_layers(task,29)
fmap = kpu.forward(task, img)
plist=fmap[:]
for i in range(768):
    dist = dist + (plist[i]-first_data[i])**2
```

5-8 　特徴ベクトルで判定するMaixPyプログラム

```
import image, lcd, sensor
import KPU as kpu
from fpioa_manager import fm
from Maix import GPIO

#M5StickV の LCD/ カメラ / ボタンを初期化する
```

```
def m5stickv_init():
    lcd.init()
    lcd.rotation(2)
    sensor.reset()
    sensor.set_pixformat(sensor.RGB565)
    sensor.set_framesize(sensor.QVGA)
    sensor.set_windowing((224, 224))
    sensor.run(1)
    fm.register(board_info.BUTTON_A, fm.fpioa.GPIO1)
    but_a=GPIO(GPIO.GPIO1, GPIO.IN, GPIO.PULL_UP)
    fm.register(board_info.BUTTON_B, fm.fpioa.GPIO2)
    but_b = GPIO(GPIO.GPIO2, GPIO.IN, GPIO.PULL_UP)

m5stickv_init()
#MobileNet の Kmodel を読み込む
task = kpu.load("mbnet75.kmodel")
# 層の途中の計算結果を出力する
set=kpu.set_layers(task,29)

but_a_pressed = 0
but_b_pressed = 0

first_data =[]
img = sensor.snapshot()
fmap = kpu.forward(task, img)
first_data=fmap[:]

while(True):
    img = sensor.snapshot()
    fmap = kpu.forward(task, img)
    plist=fmap[:]

    dist = 0
    #A ボタンが押されたときに、カメラ画像から学習を行う
    if but_a.value() == 0 and but_a_pressed == 0:
        first_data = plist[:]
        but_a_pressed=1

    if but_a.value() == 1 and but_a_pressed == 1:
        but_a_pressed=0

    # ベクトルの距離を求める
    for i in range(768):
        dist = dist + (plist[i]-first_data[i])**2

    # 学習したものに似ていれば青い矩形、異なっていれば赤い矩形を表示
    if dist < 200:
```

5

M5StickVでディープラーニングを使ってみよう

```
        img.draw_rectangle(1,46,222,132,color = (0, 0, 255),thickness=5)
    else:
        img.draw_rectangle(1,46,222,132,color = (255, 0, 0),thickness=5)

    img.draw_string(2,47,  "%.2f "%(dist))
    lcd.display(img)
```

■プリンの特徴ベクトルを更新する

　最初にプリンを学習したときと同じ特徴ベクトルで判断し続けると、部屋の照明がついたり消えたり、近づいてきた人の影にプリンが入ったりした場合などに、特徴ベクトルとの距離が徐々にドリフトしていき、長い時間プリンを監視していると、途中からプリンのありなしを判断できなくなってしまう場合があることがわかりました。

　そこで、プリンが M5StickV の前に確実にあると判断できる場合には、特徴ベクトルを徐々に更新する処理を取り入れてみました。

◦特徴ベクトルを更新する

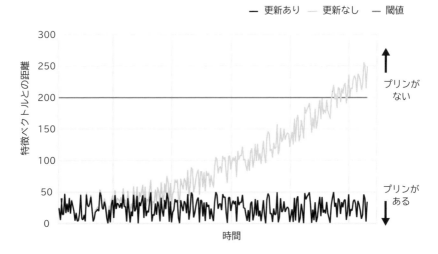

```
# 重みづけ更新フィルタ
if dist < thresh:
    for i in range(768):
        s_data[i] =w_data*s_data[i]+ (1.0-w_data)*plist[i]
    dist：プリンがあるかないかの評価値
```

thresh：プリンが確実にあると判断できる閾値
w_data：フィルタの重み
　　（0〜1の範囲で指定、1に近いほど、ゆっくりと更新する）
s_data：プリンを示す特徴ベクトル

5-9 特徴ベクトルの更新処理をして判別するMaixPyプログラム

```python
import image, lcd, sensor
import KPU as kpu
from fpioa_manager import fm
from Maix import GPIO

#M5StickV の LCD/ カメラ / ボタンを初期化する
def m5stickv_init():
    lcd.init()
    lcd.rotation(2)
    sensor.reset()
    sensor.set_pixformat(sensor.RGB565)
    sensor.set_framesize(sensor.QVGA) #QVGA=320x240
    sensor.set_windowing((224, 224))
    sensor.run(1)
    fm.register(board_info.BUTTON_A, fm.fpioa.GPIO1)
    but_a=GPIO(GPIO.GPIO1, GPIO.IN, GPIO.PULL_UP)
    fm.register(board_info.BUTTON_B, fm.fpioa.GPIO2)
    but_b = GPIO(GPIO.GPIO2, GPIO.IN, GPIO.PULL_UP)

m5stickv_init()
#MobileNet の Kmodel を読み込む
task = kpu.load("mbnet75.kmodel")
# 層の途中の計算結果を出力する
set=kpu.set_layers(task,29)

but_a_pressed = 0
but_b_pressed = 0

s_data = []
for i in range(768):
    s_data.append(0)
w_data=0.9


while(True):
    img = sensor.snapshot()
    fmap = kpu.forward(task, img)
    plist=fmap[:]
    dist = 0
```

```python
#A ボタンが押されたときに、カメラ画像から学習を行う
if but_a.value() == 0 and but_a_pressed == 0:
    firstmap = kpu.forward(task,img)
    firstdata = firstmap[:]
    for i in range(768):
        s_data[i] =firstdata[i]
    but_a_pressed=1


if but_a.value() == 1 and but_a_pressed == 1:
    but_a_pressed=0


for i in range(768):
    dist = dist + (plist[i]-s_data[i])**2

# 特徴ベクトルの更新を行う
if dist < 100:
    for i in range(768):
        s_data[i] =w_data*s_data[i]+ (1.0-w_data)*plist[i]

# 学習したものに似ていれば青い矩形、異なっていれば赤い矩形を表示
if dist < 200:
    img.draw_rectangle(1,46,222,132,color = (0, 0, 255),thickness=5)
else:
    img.draw_rectangle(1,46,222,132,color = (255, 0, 0),thickness=5)

img.draw_string(2,47,  "%.2f "%(dist))
lcd.display(img)
```

M5StickVとM5Stackをつなぐ

　M5StickV は、とてもコンパクトで使いやすいのですが、犯人に警告を与えるにはディスプレイが小さめで少し迫力に欠けます。そこで、プリン・ア・ラート V は M5Stack と M5StickV をつなげて、M5StickV はプリンを監視し、M5Stack は犯人にお顔を見せて警告を与えるという構成にしました。M5StickV には接写レンズを取り付け、近くにあるものでもはっきりと見えるように工夫しています。

○ **プリン・ア・ラートVの構成**

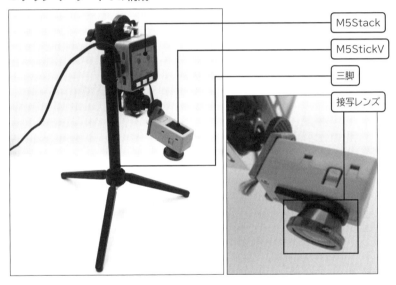

	M5Stack
	M5StickV
	三脚
	接写レンズ

■M5StickVからM5StackへUARTで送信する

　M5Stack と M5StickV は、相互に情報をやり取りする必要があります。M5Stack と M5StickV を Grove ポートでつなぎ、UART（非同期シリアル通信）で相互に通信する方法をとりました。

　MaixPy は、FPIOA という機能で、GPIO に任意の機能を割り付けることができます。M5StickV には、GPIO34 と GPIO35 に別のモジュールと接続するための Grove コネクタが設けられているので、GPIO34 と GPIO35 に UART を割り付けました。

```
from machine import UART

uart_Port = machine.UART(uart,baudrate,bits,parity,stop,timeout, read_
buf_len)
    ：UART を作成する
    uart:uart 番号
    baudrate: UART のボーレート
    bits: UART データサイズ、5／6／7／8 をサポート、デフォルト 8bit
    parity: パリティ、machine.UART.PARITY_ODD、machine.UART.PARITY_EVEN を
選択できる。デフォルトはなし
    stop: ストップビット、1／1.5／2 をサポート、デフォルト 1
    timeout: シリアルポート受信のタイムアウト時間
    read_buf_len: シリアルポートはバッファを介して受信し、バッファがいっぱいになると、
データ受信は自動的に停止する

uart_Port.write(buf)：データを送信する
    buf：データ送信バッファ
```

　MaixPy から、UART に数値データを送信するプログラムを用意しました。
M5StickV の Grove ポートを UART で初期化して、データの送信を行います。

5-10 UARTでデータを送信するMaixPyプログラム

```
from Maix import GPIO
from fpioa_manager import fm, board_info
from machine import UART

# M5StickV の Grove ポート G34/G35 を UART で初期化
fm.register(35, fm.fpioa.UART2_TX, force=True)
fm.register(34, fm.fpioa.UART2_RX, force=True)
uart_Port = UART(UART.UART2, 115200,8,0,0, timeout=1000, read_buf_len=
4096)
cnt=0

# 数値データを文字データに変換して、送信する
while True:
    moji=str(cnt)+"\n"
    uart_Port.write(moji)
    time.sleep(1.0)
    cnt=cnt+1

uart_Port.deinit()
del uart_Port
```

■M5StackでM5StickVからのUARTを受信する

M5StickV の Grove ポートと、M5Stack の GroveC ポートとを、Grove コネクタで接続します。

○M5StackとM5StickVとの接続

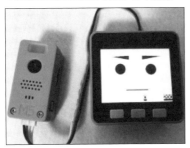

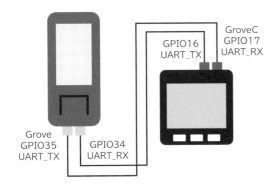

M5Stack でのプログラムの実装は、Arduino IDE で行いました。M5StickV の MaixPy から送られた文字列を、改行を区切りにして受信し、文字列を数値データに変換します。

MaixPy でプリンに異常があったときに大きい評価値を送るようにプログラミングし、M5Stack で受け取った評価値が閾値よりも大きい場合には犯人に話しかけるなどの対応ができるようになりました。

5-11 UARTでデータを受信するArduinoプログラム

```
#include <M5Stack.h>
HardwareSerial serial_ext(2);

void setup() {
  M5.begin();                            //M5Stack を初期化
  M5.Power.begin();                      //M5Stack のバッテリ初期化
  serial_ext.begin(115200, SERIAL_8N1, 17, 16);//UART の初期化
}

void loop() {
  M5.update();                           //M5Stack の内部処理を更新

  const int thresh = 1000;

    // 文字データを受信して、数値データへ変換する
  if ( serial_ext.available() > 0 ) {
    String str = serial_ext.readStringUntil('\n');
    int data = str.toInt();
    Serial.print("data:");
    Serial.println(data);
    if (data > thresh) {
      Serial.print(" 異常が発生しました ");
    }
  }

  vTaskDelay(10 / portTICK_RATE_MS);
}
```

　ここまでで、M5StickV の章を終わります。

　M5StickV はコンパクトな形状にも関わらず、ディープラーニングを実践できるパワフルなデバイスです。筆者は、M5StickV の登場を見た瞬間から、これは「プリン・ア・ラート」を進化させるために使える！ と注目してきました。

　ぜひ、M5StickV を活用して、さまざまなものを見守る技術を実践してみてください。

サンプルファイルについて

サンプルファイルのダウンロードについて

　本書で紹介しているサンプルデータは、C&R研究所のホームページからダウンロードすることができます。本書のサンプルを入手するには、次のように操作します。

1. 「http：//www.c-r.com/」にアクセスします。
2. トップページ左上の「商品検索」欄に「320-1」と入力し、「検索」ボタンをクリックします。
3. 検索結果が表示されるので、本書の書名のリンクをクリックします。
4. 書籍詳細ページが表示されるので、「サンプルデータダウンロード」ボタンをクリックします。
5. 下記の「ユーザー名」と「パスワード」を入力し、ダウンロードページにアクセスします。
6. 「サンプルデータ」のリンク先のファイルをダウンロードし、保存します。

サンプルのダウンロードに必要なユーザー名とパスワード

ユーザー名　m5robot

パスワード　sccv8

※ユーザー名・パスワードは、半角英数字で入力してください。また、「J」と「j」や「K」と「k」などの大文字と小文字の違いもありますので、よく確認して入力してください。

サンプルファイルの利用方法について

　サンプルはZIP形式で圧縮してありますので、解凍してお使いください。

索引

■著者紹介

aNo研（アノケン）

ものづくりが好きなメンバーが集まって結成された、Maker集団。「ものづくりを通して、"あの"心躍る"もの"と出会ったときの感動を、あなたに届けること」を目標に活動中。

Twitter：@anoken2017

Webサイト：https://anoken.jimdo.com/

編集担当 ： 吉成明久 / カバーデザイン ： 風間篤士（リブロワークス・デザイン室）

●特典がいっぱいのWeb読者アンケートのお知らせ

C&R研究所ではWeb読者アンケートを実施しています。アンケートにお答えいただいた方の中から、抽選でステキなプレゼントが当たります。詳しくは次のURLのトップページ左下のWeb読者アンケート専用バナーをクリックし、アンケートページをご覧ください。

C&R研究所のホームページ **http://www.c-r.com/**
携帯電話からのご応募は、右のQRコードをご利用ください。

M5シリーズで楽しむロボット開発
M5Stack/M5Camera/M5StickC/M5StickV対応

2020年9月1日　　初版発行

著　者　　aNo研

発行者　　池田武人

発行所　　株式会社　シーアンドアール研究所
　　　　　新潟県新潟市北区西名目所 4083-6（〒950-3122）
　　　　　電話　025-259-4293　　FAX　025-258-2801

印刷所　　株式会社　ルナテック

ISBN978-486354-320-1 C3055

©aNo Laboratory, 2020

Printed in Japan